INSTRUCTION

POUR

L'ÉDUCATION DES VERS A SOIE.

Les formalités exigées ayant été remplies, les contrefacteurs seront poursuivis suivant toute la rigueur des lois.

VALENCE, IMPRIMERIE DE MARC AUREL FRÈRES.

INSTRUCTION

EN FORME DE CATÉCHISME

POUR

L'ÉDUCATION DES VERS A SOIE,

A L'USAGE DES JEUNES PERSONNES.

SUIVIE DE QUELQUES NOTES.

Par M. ANT. SAUTEL, de la Roche-de-Glun.

Prix : 2 fr. 50 c.

Paris,

LIBRAIRIE DE MARC AUREL FRÈRES, ÉDITEURS,

BOULEVART DES ITALIENS, 23.

VALENCE,

MÊME MAISON, RUE DE L'UNIVERSITÉ, 8.

1840.

A Madame Veuve CLÉMARON,

née FAVERGE,

à Vienne.

Depuis que je ne vous ai plus vue ou plutôt depuis l'instant où j'ai dû vous perdre pour toujours, bien des années se sont écoulées, éveillant, de temps à autre, des regrets; bien des jours ont été remplis, sinon par de grands travaux, du moins par les fruits de l'activité et des bons sentiments que vous m'aviez inspirés. Et, aujourd'hui que je viens offrir au public un petit opuscule pour attester que je lui dévoue ces mêmes sentiments et que je me consacre à son bien et à son utilité, n'en dois-je pas faire hommage à votre personne? à vous, Madame, dont les mains ont préparé l'avenir de ma vie, à vous dont la pensée a été comme une voie qui m'a toujours été salutaire. Accueillez-moi donc, acordez-moi de nouveau votre ancienne et touchante bienveillance ; puisse même votre cœur se réjouir autant que le mien, puissent vos cheveux blancs applaudir *encore au simple élève qui n'a pas changé de docilité ni d'attachement ! C'était l'élève d'une femme, mais les modèles qu'elle lui donna pour apprendre étaient ceux de la saine raison ; et, quand il l'eût quittée, il garda les modèles et les suivit de confiance ; aussi la vérité et le bonheur couronnèrent depuis, toujours les fruits qu'il donna de ce qu'il avait appris, et aujourd'hui en venant les goûter, on s'attendrit d'en apprendre la source.*

En obtenant de vous, que votre amitié et votre souvenir se reportent sur celui à qui vous êtes demeurée si respectable, que, si vous trouvez digne de vous ce petit Essai, vous le lui manifestiez, je n'ai plus de vœu à faire : je n'aurai plus qu'à vous remercier d'un doux bienfait et à bénir la Providence de ce qu'il me réservait encore cette agréable consolation.

Je suis avec un profond respect,

Madame,

Votre très-humble et très-obéissant serviteur,

SAUTEL.

La Roche-de-Glun, le 15 septembre 1839.

AVANT-PROPOS.

Tous les faiseurs, bons ou mauvais, d'écrits et de systèmes, ne manquent pas, en donnant leurs ouvrages, de protester par avance qu'ils n'agissent que par dévouement au bien et aux intérêts de tous. Je ne m'en défendrai point non plus, si ma sincérité me pousse à agir de même. D'ailleurs, ne recherchant point la flatterie des vains éloges, ni ne craignant l'importance des tumultueux critiqueurs, que puis-je désirer autre chose du public, sinon qu'il me sache gré de mon amour pour répandre l'industrie, et qu'il accueille les moyens d'utilité et de bienfaits que je viens proposer? Vraiment toutes mes vues sont d'accroître mes plaisirs, en étendant plus loin les progrès que je vois naître autour de moi, de mes instructions à la classe simple et docile qui m'intéresse tant; et je suis heureux de penser qu'après moi, mes services feront que je ne serai jamais séparé de ceux qui m'auront apprécié. Oui, c'est à la classe des cultivateurs peu aisés, que je me suis adressé, celle pour qui l'industrie est une ressource bienfaitrice, parcequ'en lui donnant moyen de subsistance, elle est susceptible en quelque sorte d'élever ses facultés intellectuelles et de diriger ses sentiments d'une manière favorable à la société.

J'ai employé les moyens les plus propres à lui inculquer des principes justes et durables, d'abord en employant, pour les leçons, la forme la plus claire et la plus avenante, celle d'un catéchisme; ensuite, en appliquant à tous les procédés un accomplissement plein de raison et de lumière; en donnant dans la conduite seule de la nature toute l'explication des causes et des effets, puisque c'est à l'imiter que tend cette industrie; enfin en bannissant de notre méthode, toute théorie ou procédé mystérieux et équivoque; il est vrai, en effet, que l'emploi des choses et des moyens dont on ne se rend pas raison, est toujours parmi les gens peu instruits, une source d'erreurs et de mauvais succès; et il est impossible de ne pas abuser d'une chose dont on ne connaît que les résultats et non l'essence et la manière d'agir.

On doit voir par le moyen solide que j'emploie pour inculquer ma méthode, qui est de la faire apprendre aux enfants, comme on apprend les principes rigoureux de toute autre science, par un simple catéchisme; on voit, dis-je, que je ne pense point à instruire et à former les personnes déjà vieillies dans une pratique erronée; car il est bien inutile de prétendre pouvoir les détourner de la vieille et opiniâtre routine à laquelle elles se sont attachées, malgré qu'elle leur ait toujours été funeste. Et de fait, depuis douze ans que je m'efforce à instruire, je n'ai jamais réussi *qu'auprès des jeunes personnes.*

Si dans mes préceptes je me trouve, parfois, peut-être en opposition avec ceux de quelques noms illustres, tels que l'abbé Rosier, Dandolo, De Sauvage, etc., c'est avec peine que je fais un sacrifice à ma vénération pour ces hommer, en manifestant ce que l'évidence montre aujourd'hui pour condamner quelques-unes de leurs paroles. Mais c'est rendre hommage à leur mémoire, que de ne rien ménager pour approfondir et rendre célèbre la science dont ils sont les plus dignes coryphées, car la gloire de l'une est commune avec les autres. D'ailleurs, je le répète, je n'ai travaillé que pour féconder la source de mes plaisirs et je serais heureux d'atteindre ce doux but, par ce que là se rattachent le bien-être des campagnes, la richesse des laboureurs, et par conséquent le bonheur de la société.

A Messieurs les Membres de la Société d'agriculture de la Drôme, à Valence.

En venant vous faire hommage des réflexions que j'ai faites à la suite de douze ans d'expérience, sur l'éducation des vers à soie et d'une réussite entière dans la commune de la Roche-de-Glun que j'habite, obtenue plus notamment encore, depuis deux ans de suite, par une de mes élèves (Mlle Fanchette Favre), à Hauterives, chez M. Robert[1], mon intention n'est pas de rabaisser le mérite de tout ce qu'ont pu avancer MM. Darcet, Bourdon et autres, soit dans leurs théories, soit au sujet des machines qu'ils ont proposées; bien loin de là, ils m'ont été très-utiles en ce qu'ils m'ont conduit à me confirmer dans mes premières opinions et à établir un raisonnement plausible, tel qu'il puisse mettre dans la bonne voie, ceux qui s'occupent de cette branche.

Je vais, si vous me le permettez, vous le présenter provisoirement au moins en aperçu, en attendant que par un petit ouvrage dont je m'occupe sous forme de catéchisme, à la portée des enfants de la campagne, je le développe dans toutes ses parties.

Les moyens préconisés par ces messieurs peuvent être efficaces et vrais, mais ils exigent des fonds et des dépenses multipliées; or, à qui appartient l'industrie des vers à soie? A la classe qui en a le plus de besoin, à la classe pauvre, et pour qui ces exigences sont par conséquent des difficultés presque insurmontables.

Maintenant on aurait tout atteint, si en étudiant et en recherchant dans la nature, on pouvait y trouver des règles de conduite aussi sûres et efficaces que les moyens précités; or, ces règles existent, j'en développerai plus bas les principes; donc ..... la solution vient d'elle-même.

L'application des calorifères, des ventilateurs, des tables en treillis et déjà même sitôt des filets, ne peut avoir lieu pour nous, pauvres campagnards; nous qui sommes obligés de distraire certains ustensiles et mille autres objets, de leur usage journalier, pour les appliquer au travail de l'éducation de ces insectes. Les riches seuls en sont susceptibles; eux qui peuvent faire de grandes avances, créer de vastes localités dont ils pourront se passer dix mois de l'année; et cependant, si dans une de nos communes rurales, il y a 37 kilog. 5 hectog. de vers à soie à élever, 31 kilog. 2 hectog. au moins seront répartis parmi ceux de la classe peu aisée, n'y aura-t-il donc que les deux ou trois plus puissants entre les mains de qui seront répartis les 6 kilog. 2 hect. qui réussiront? Non, Messieurs; aussi, c'est en engageant nos campagnards à imiter la nature, autant que possible, que nous sommes persuadés que chacun réussira assez pour obtenir, sans grosses dépenses, au moins 50 kilog. de cocons par 31 grammes, en consommant de 900 à 1,000 kilog. de feuilles, et telle qu'elle est cueillie sur le mûrier, sans être triée ni privée de ses mûres.

En proposant d'imiter la nature, je m'appuierai de l'assentiment des voyageurs historiens et même de Buffon, qui nous disent qu'au Bengale, en Chine, le ver à soie vit dans des taillis de mûriers, comme, dans notre belle France, la chenille; et cependant, nous savons tous que la température du jour, dans ce pays, monte souvent à 30 degrés et que celle de la nuit y descend jusqu'à 12. Ajoutons à cela que les rosées de la nuit y équivalent à une pluie chez nous.

C'est d'après ce principe, que déjà, sans autre réflexion, en 1786, 1787, 1788, 1789, je m'en occupais, en m'aidant à soigner des vers à soie, auprès de madame Clémaron (née Faverges) qui en élevait dans la commune de Terre-Basse. Ses réussites étaient toujours constantes au produit de 50 kilog. de cocons par 31 grammes de graines (œufs).

Ici, à la Roche-de-Glun, après trente-trois ans d'absence des pays où l'on cultive le mûrier, j'ai recommencé, il y a douze ans, à élever des vers à soie; tantôt 62 grammes, et j'en ai même *facturé* pour d'autres, désirant les amener par là à imiter la nature, autant que possible. Il est constant que 31 grammes de graines non lavées m'ont toujours donné plus de 50 kilog. de cocons; l'an passé, je suis allé à 66 1/2; cette année à 54 1/2, en consommant toujours de 850 à 950 kilog. de feuille non mondée, par 50 kilog. de cocons; toujours néanmoins en me servant des filets, jusqu'après la mue des deux, ainsi que le pratiquait la respectable Dame dont j'ai parlé. Ces 31 grammes de graines, comme on doit le remarquer, sont faibles d'un cinquième de leur poids, parce que la gomme qui les attache à l'étoffe, et les graines non fécondées, qui, par le lavage sont enlevées, restent encore dans celle-ci.

Donc, en me basant le plus sur la condition où se trouvent, dans l'état naturel, les vers à soie, voici la méthode que j'en ai induite et qui par conséquent doit se trouver la plus sûre, la plus simple et la moins dispendieuse, jusqu'à ce qu'on ait pu amener le campagnard à l'usage des filets qu'il peut confectionner lui-même en hiver.

Elle consiste :

1° A conserver la graine pendant l'hiver, depuis le moment où elle a été pondue, dans un endroit sec et froid, pourtant non susceptible de la gelée.

2° A l'y laisser jusqu'au moment où l'on croit la feuille assez avancée pour la faire éclore. La feuille trop tendre que j'appellerai ne pas être *faite*, engendre des *gras*, enfin la mortalité.

3° Si l'on a pris la tare de l'étoffe où elle a été pondue, afin d'avoir par là un poids juste, à exposer la graine sans la détacher, à une température de 13 degrés Réaumur, à augmenter chaque jour cette température d'un degré, jusqu'à ce qu'on arrive à 20, et en rester là bien soigneusement le jour et la nuit, en faisant circuler constamment de l'air et donnant de l'humidité. Le treizième et quatorzième jour tous les œufs seront éclos; une plus forte température leur nuirait.

4° Aussitôt après l'éclosion et dans la journée même, baisser la température jusqu'à 17 degrés et y rester jusqu'après la deuxième mue qui s'opère en huit jours.

5° Arrivés à cet âge, ne plus les chauffer, à moins d'un froid de 8 à 10 degrés; dans ce cas, ne jamais dépasser 15 à 16 degrés.

6° Dans le cours de l'éducation, combattre les grandes chaleurs, en arrosant et étendant des linges mouillés autour des tables, moyen qui a pour effet, à la fois, de donner de la fraîcheur et de mettre l'air dans une meilleure condition, par l'oxigène qu'il acquiert. A l'égard du troisième article, je ferai l'observation suivante :

La graine tenue pendant l'hiver à une température de 8, 9 et 13 degrés, souffre, parce que le fœtus prend un degré de développemment assez puissant, pour que l'insecte qui a déjà vie souffre considérablement, en attendant qu'une plus haute température vienne lui donner la force de sortir de sa coque. Il en résulte que ces vers naissent si faibles, qu'il en reste à chaque mue une forte partie, par suite de leur manque de forces, dans le litier dont la fermentation les réduit, puis, en muscardins.

Quand la graine est de suite exposée à une trop haute température (18, 20), elle éclos en cinq à six jours; et alors l'insecte qui en sort est rougeâtre, maigre et petit; il ne peut arriver à la seconde mue sans qu'il ait été détruit par la maladie des gras ou des muscardins, pour n'avoir la force de se dépouiller et de se retirer du litier, tandis qu'avec l'incubation soignée de la manière dont je l'ai indiquée, l'insecte sort d'une couleur cendrée, gros et robuste.

La localité à choisir pour placer les vers à soie, après la seconde mue, doit être percée de plusieurs portes et fenêtres, vis-à-vis les unes des autres (n'importe à quel vent elles soient exposées, tous contiennent leur somme d'oxigène) afin que l'air puisse traverser horizontalement le local; ce courant est d'autant plus avantageux, qu'il a lieu plus bas vers le sol; de cette manière le ver est placé comme en plein air et ne peut pas périr.

Les courants établis dans une magnanerie, qui partent du bas en haut, paraissent ne pas devoir remplir le but de l'assainissement; car, ces courants étant excessivement faibles, par l'effet d'un *tarare* placé supérieurement, lequel ne fait qu'aspirer l'air le plus léger, sans attirer le gaz acide carbonique, il en résulte que la chambrée n'est pas épurée.

Les gras ne proviennent en partie, que de la mutilation causée lors du délitement, ou d'une mauvaise incubation; quant à la muscardine qui n'est nullement contagieuse, elle ne provient que de l'asphyxie à laquelle, sans doute, elle est amenée aussi par l'effet du dernier motif précité, comme nous l'avons fait comprendre ailleurs.

A l'appui de l'assertion que la muscardine n'est pas contagieuse, je rapporterai que cette année (je l'avais déjà fait, il y a dix ans) j'ai emprunté exprès quatre douzaines de vieilles planches blanchies de muscardines de l'année passée, je les ai couvertes de vers sans les laver, ni les balayer, pas un muscardin ne s'y est manifesté, même lors de la *briffe* et de la montée. Je me suis procuré une douzaine de muscardins, bien blancs, je les ai placés sur une table de vers; ils y ont resté pendant trois jours, sans y sommuniquer aucune maladie.

A Hauterives, M. Robert vendit à deux différents particuliers des vers éclos, 31 grammes à chacun; ces vers furent placés dans un local où il y en avait déjà la même quantité du même âge, non éclos chez

M. Robert; hé bien, les vers de M. Robert ont parfaitement réussi et les autres sont tous tombés en muscardins. Est-ce la feuille donnée pour la première nourriture, trop tendre et non *faite*, qui a fait périr ces vers à la montée? Est-ce une mauvaise incubation? Est-ce la chambre inégalement aérée? C'est encore une question à résoudre par des expériences et de grandes observations.

La chaleur, sans courant d'air horizontal, engendre toutes sortes de maladies parmi les vers, et les tue; le froid, pourvu que l'air soit sain, n'en donne aucune, il ne fait que les retarder, parce qu'ils deviennent engourdis, et que dans cet état, ils ne mangent pas. Une personne soigneuse doit s'en apercevoir au premier coup-d'œil et alors il ne faut pas leur donner inutilement de la feuille; attendre que la température convenable soit arrivée, c'est là toute la conduite à tenir.

La transition du froid au chaud, *et vice versà*, ne tue point ces insectes; leur transpiration n'a lieu que par les organes de la respiration qui se fait par seize ouvertures placées sur la longueur du corps. Bien loin de là, on guérit des vers malades, en les exposant au froid, à la pluie et même en les plongeant dans de l'eau fraîche.

Comme l'année passée, cette année, j'avais établi dans ma cour une petite magnanerie devant contenir quatre tables à la montée. Après la mue des deux, je les y plaçai; la troisième se fit sans accident, à part une pluie *battante* qui les baigna de manière à les couvrir d'eau ; la quatrième mue enfin arriva, un vent du sud de 24 degrés dessécha le litier dans lequel ils étaient ensevelis, au point que leur maladie passée, ils ne pouvaient se débarrasser de leur tunique desséchée. Je pris le parti, les croyant tous perdus (notez que la graine qui avait produit ces vers venait de Milan, cette année même) de les arroser avec de l'eau fraîche, sortant d'un puits, jusqu'à ce que l'eau coulât par-dessus les tables. Il était trois heures après midi, quand cette opération se fit; à sept heures, tous les vers étaient dépouillés et ils étaient superbes. Les vents impétueux qui s'élevèrent alors, ayant renversé ma frêle magnanerie, jeté et dispersé mes vers dans la cour, sur la poussière, je pris le parti de les faire ramasser et de les rentrer dans une chambre où pas un n'a péri et où ils m'ont donné d'excellents cocons. L'an passé, tous ces inconvénients n'ayant pas eu lieu, j'obtins de cette petite magnanerie, placée au milieu de la cour, une récolte superbe.

Le ver à soie, saisi à tout âge, par une température de 9 degrés, reste suspendu dans la marche de ses fonctions ; pourtant il ne périt point, serait-il sur la bruyère, aurait-il même commencé son cocon. Quand après quelques jours, la température s'est élevée, alors il reprend son travail et fait de très-bons cocons, quoique la chrysalide reste plus légère que lors d'une température suivie de 17 à 18 degrés; mais qu'importe le poids de la chrysalide, c'est celui de la soie que nous cherchons! C'est ce qui est arrivé chez M. Robert, cette année à 170 tables. Cette année encore, à Hauterives, un froid de 9 degrés est survenu au moment que soixante tables de vers étaient déjà sortis de la quatrième mue depuis cinq jours; ces vers devinrent engourdis et restèrent dans cette position pendant près de huit jours; sans beaucoup manger, quoiqu'on leur donnât de la feuille à midi et le soir. Enfin la température s'éleva de 15 à 16 degrés, et alors on leur donna leurs repas ordinaires qu'ils mangèrent très-bien; au bout de trois jours, ils garnirent les bruyères aussi bien que si cet accident ne fût pas arrivé; aucun muscardin, ni aucune autre maladie ne s'est manifesté chez eux. Ils ont fait, à la suite de tous ces accidents, d'excellents cocons, et toujours à raison de 50 kilog. par 31 grammes de graines non lavées.

Dans la nature, tout ne vit, ne croît, ne se trouve enfin dans de favorables conditions qu'au moyen de l'oxigène; on sait que la combustion ne peut avoir lieu qu'avec son secours, que le gaz acide carbonique qui s'oppose à cette dernière, asphyxie tout être vivant.

Supposons que l'air atmosphérique contient dix-huit parties d'oxigène à la température de 10 degrés environ; si par exemple nous dilatons 32 décimètres cube de cet air, en le soumettant à 20 ou 22 degrés, il se présentera environ 3 mètres 25 décimètres cubes (1), dont chacun ne contiendra plus que deux parties d'oxigène. C'est dans cet état que nous appelons l'air *fatigant*; en effet, le poumon étant obligé de presser ses mouvements, pour aspirer plus en abondance l'air trop dilaté, donne par cette oppression, un sentiment pénible à l'organisme. Il en est de même pour les insectes dont nous nous entretenons. Ajoutons à cela la considération de ce qui résulte de l'état domestique où le ver à soie se trouve entre nos mains; c'est qu'il se laisse entasser, resserrer sur des tables sans pouvoir courir et chercher l'oxigène, quand il lui en manque dans la condition où il est. C'est qu'encore, gisant sur le fumier qu'il fait, il se trouve dans cette position, bientôt enveloppée du gaz acide carbonique que produit la fermentation de cet excrément; fermentation opérée dans vingt-quatre heures par la haute température de 18 à 22 degrés, et qui se fait aux dépens de l'oxigène. Ce gaz acide carbonique étant bien plus pesant que l'air atmosphérique, reste à deux ou trois doigts d'épaisseur sur le ver, sans en être déplacé; alors,

(1) La dilatation de l'air sous une pression atmosphérique n'est que de 0, 375 de son volume, mais si cette dilatation est libre, comme dans une chambre, elle peut aller dans un volume très-considérable, en raison de la compressibilité dont ce fluide est susceptible . aussi ne faisons-nous qu'une supposition, pour mieux faire sentir, combien est dangereuse cette dilatation pour l'objet qui nous occupe.

la muscardine blanche et rouge détruit, en moins d'une heure, tout une chambrée de vers. C'est pourquoi je donne pour certain, qu'avec des courants continuels d'air qui balayent le gaz acide carbonique qui s'amoncelle sur les tables, on ne doit craindre ni le froid, ni une trop grande chaleur, même à 26 degrés. Le seul inconvénient qui puisse résulter de cette chaleur, est que la vie du ver est abrégée et qu'il fait un cocon beaucoup plus petit et par conséquent donne un peu moins de soie, par suite de sa grosseur incomplète.

On pourrait objecter qu'il arrive des époques où il n'existe aucun mouvement dans l'air, que la température est très-élevée, et que l'oxigène manque. Dans cette circonstance, les ventilateurs seraient d'une grande utilité, si on voulait les faire souffler directement sur les tables; mais donneront-ils plus d'oxigène que cet air si dilaté en contient, je ne le crois pas, et d'ailleurs le pauvre campagnard peut-il avoir plusieurs ventilateurs exprès.

Puisque l'eau contient quatre-vingts parties sur cent d'oxigène, en la décomposant, on doit obtenir toute la quantité d'oxigène qu'exige le besoin qu'en ont les vers, dans un air trop peu respirable; le moyen en est fort simple, c'est par l'effet de la sicité, c'est en plaçant des cordages dans la magnanerie, sur lesquels on étend des linges mouillés.

C'est par ces procédés, Messieurs, que je suis toujours et constamment arrivé à une parfaite réussite.

Les personnes de ce pays, et elles sont déjà nombreuses, qui ont voulu m'imiter, n'ont jamais manqué non plus d'obtenir une réussite complète de 50 kilog. et plus de cocons aux 31 grammes de graines de vers non lavées, en consommant de 850 à 950 kilog. de feuilles brutes, selon la plus ou moins grande quantité de mûres qui s'y trouvent. Je m'appesantis souvent sur cette feuille brute; c'est qu'en effet, je ne me permets pas d'en distraire ni le petit bois, ni les grands jets, ni même les mûres, quand elles ne font pas le sirop. Tout est jeté sur les vers, parce que ces portions quoique ne servant à rien pour la nourriture des vers à soie, tiennent les litiers soulevés, et par là font que la fermentation est moins prompte.

Qu'il me soit permis, Messieurs, de vous dire que cette année, M. le Maire de cette commune, homme recommandable, instruit et réfléchi, a bien voulu suivre mon travail, en venant deux fois par jour, pour constater tout ce que j'ai avancé à cet égard et pour s'applaudir des progrès que mon exemple et les leçons que j'ai données publiquement en sa présence, ont fait faire dans la commune.

Heureux, Messieurs, si je puis obtenir votre assentiment que je regarderai comme une récompense signalée et dont mes vieux jours seront fiers jusqu'à leur fin.

La Roche-de-Glun, le 15 juillet 1839.

Sautel.

Nous, Maire de la commune de la Roche-de-Glun, imbu qu'il appartient principalement aux magistrats, de signaler à la bienveillance publique les personnes qui se rendent recommandables par la propagation d'utiles lumières, nous constatons, pour cette raison et pour rendre hommage à la vérité, que M. Sautel, depuis environ douze ans qu'il habite cette commune, y a produit le plus grand bien, par ses procédés savants sur l'éducation des vers à soie, procédés dont l'efficacité doit paraître aujourd'hui d'autant plus irrécusable, qu'à chaque année, dès celle de son arrivée à la Roche, M. Sautel a élevé des vers à soie, jusqu'à la quantité de 155 grammes de graines, et qu'ainsi, à l'aide d'une expérience consommée, sa réussite a toujours été pleinement satisfaisante, c'est-à-dire que, toujours il a obtenu plus de 50 kilog. de cocons par 31 grammes. Enfin, dans le désir de nous éclairer d'une manière plus positive, nous avons, cette année, visité exactement deux fois par jour, la magnanerie de M. Sautel, et nous nous sommes édifiés, non-seulement que le résultat a dépassé 50 kilog. de cocons par 31 grammes. de graines, mais encore que nous n'avons pu découvrir aucun muscardin dans la magnanerie, bien que nous ayons surtout inspecté soigneusement la litière. Nous restons donc dans la ferme opinion que les moyens indiqués par M. Sautel, pour élever les vers à soie, méritent toute notre confiance.

En foi de quoi, avons délivré la présente attestation.

En Mairie de la Roche-de-Glun, le 15 juillet de l'an 1839.

Signé et scellé du sceau de la commune par M. le Maire.

L. FRANCON.

INSTRUCTION

EN FORME DE CATÉCHISME

POUR

L'ÉDUCATION DES VERS A SOIE,

A L'USAGE DES JEUNES PERSONNES.

CHAPITRE Ier.

ORIGINE DU VER A SOIE. — COURS DE SA VIE A L'ÉTAT NATUREL. — SA PERFECTION.

—

D. *D'où nous vient le ver à soie ?*

R. Le ver à soie est originaire de la Chine. On le trouve aussi dans le Bengale ; il fut apporté en Europe à différentes époques, et d'abord par des missionnaires chrétiens. (*Voyez, à la fin du volume,* Note I).

D. *Comment vient-il dans ce pays ?*

R. Il y vient tout naturellement, c'est-à-dire qu'il naît, croît et se perfectionne dans des taillis de mûriers, comme chez nous la chenille, étant exposé à toutes les intempéries de l'atmosphère.

D. *Pourriez-vous désigner quel est le climat qui règne dans les localités propres à cet insecte ?*

R. En été pendant le jour, la chaleur y est excessive ; elle fait monter le thermomètre jusqu'à 30 degrés; la nuit, la température s'abaisse, et quoique alors le froid ne soit pas, en réalité, plus grand que chez nous, son impression est beaucoup plus forte, à cause du contraste éminent avec la température du jour; aussi la rosée s'y forme en abondance, et équivaudrait à une pluie dans nos contrées.

D. *Comment les œufs de vers à soie qui, sans doute, sont posés sur les branches de ces taillis, peuvent-ils éclore avec cette inégalité de température ?*

R. En dehors de la saison dont nous avons parlé, le reste de l'année offre une température peut-être aussi basse, mais plus constante qu'en Europe. Alors, au printemps, quand cette température s'élève, ne donnant point lieu encore à de rudes contrastes ni à de trop abondantes rosées, il en résulte une condition favorable qui occasionne l'éclosion des œufs de ces insectes. Ils se développent ensuite insensiblement avec l'arrivée des chaleurs, et en même temps que la feuille du mûrier se développe aussi à son tour.

Ces insectes, qui sont sur les branches au moment de l'éclosion, peuvent-ils trouver facilement leur nourriture?

R. Le Tout-Puissant a pourvu à tout : l'insecte n'étant point à l'état domestique, et ayant son instinct dans toute son intégrité et liberté, se choisit lui-même la feuille la première développée.

D. *Pourquoi dites-vous qu'il s'attache à la première feuille développée ?*

R. C'est que l'instinct de cet insecte, tout jeune

qu'il soit, lui indique que la première feuille d'un jet est la plus mûre, ou la plus faite, et que celle naissante lui est préjudiciable; il la réserve sans doute pour le moment où elle sera devenue plus consistante.

D. *A la température de 30 degrés où vous me dites que se trouve le pays de ces insectes, les rayons du soleil doivent être trop ardents et par conséquent nuisibles à leur corps délicat ?*

R. Oui certainement, ces rayons solaires sont même capables de les détruire; ils leur font naître sur le corps des taches *rousses* comme celles qui sont souvent déterminées aussi sur notre peau par la même influence. Mais les vers savent s'y soustraire, en s'abritant sous les feuilles de mûriers.

D. *Ces insectes à l'état de liberté ne sont-ils point sujets à quelque maladie qui puisse les faire périr faute de secours?*

R. Il n'en est pas que je sache, à moins qu'on ne veuille appeler ainsi le moment dans lequel ils paraissent devoir changer de peau, et qui a lieu à quatre époques différentes, lorsqu'ils ont resté engourdis, sans manger, pendant 12, 24 heures et quelquefois plus. Cependant, je croirai que c'est une nécessité de leur nature, de quitter leur tunique de temps à autre pour faciliter leur accroissement, parce qu'étant devenue trop dure, elle n'a plus d'élasticité; aussi, je pense que ce n'est pas une maladie.

D. *Cet insecte vit donc bien long-temps pour passer par ces quatre périodes différentes ?*

R. Aucun des historiens qui ont voyagé dans ces pays, n'a donné la durée de sa vie à l'état de larve. Chez nous, en Europe, elle varie selon la température à laquelle on les soumet, selon la quantité de nourriture qu'on leur donne en 24 heures. Généralement elle dure de 34 à 40 jours; après cet espace de temps, l'insecte s'enferme dans une enveloppe que nous appelons *cocon;* c'est l'époque où il va acquérir sa perfection, car sous cette enveloppe, il devient *nymphe* ou *chrysalide*, état où il reste pendant huit jours, et vient ensuite paraître *papillon*, après avoir percé son cocon. Celui-ci s'accouple ensuite, et donne lieu aux œufs qui viennent reposer sur les branches de mûriers, et sont les germes des nouvelles existences d'autres insectes.

D. *Comment ces papillons peuvent-ils sortir d'un cocon qui paraît fort, dur et très-gommé?*

R. L'insecte est pourvu, à cet effet, d'une liqueur qu'il répand sur une des extrémités du cocon, laquelle dissout la gomme et permet au papillon d'écarter avec ses pattes, sans les rompre, les brins qui forment ce dur tissu, et par là en sortir facilement.

D. *Ce papillon prend-il quelque nourriture après cette métamorphose, ainsi que d'autres insectes qui ont suivi à peu près pareil changement?*

R. Non; étant arrivé dans un état complet de perfectionnement, il n'a plus besoin d'autre chose, pour nourriture, que de l'air : son instinct ne le porte plus qu'à se reproduire.

D. *La nature a sans doute eu un but en donnant à cet insecte la faculté de s'enfermer dans une pareille cellule (cocon), pour y passer le temps qu'il reste sous la forme de chrysalide; pourriez-vous nous en dire quelque chose?*

R. Oui, ce but est manifeste; c'est d'abord de lui donner un moyen d'appui et de fixité dans l'endroit qu'il s'est choisi; l'insecte entoure cette place d'une vaste filoche qu'on appelle *bourette* au milieu de laquelle il place son cocon; il supplée ainsi à la faculté qu'ont les chrysalides des autres insectes, de se fixer par elles-mêmes en se suspendant par leur extrémité inférieure. C'est ensuite, comme beaucoup plus précieux que ceux des autres insectes, que la nature a voulu leur permettre d'assurer leur cocon d'une manière bien plus solide, et le préserver des divers accidents auxquels la chrysalide nue serait exposée, tels que la voracité des oiseaux, des fourmis, des rats, les secousses du vent ou d'autres influences qui pourraient la déplacer, mille autres causes enfin qui seraient capables de l'exposer à être froissée ou écrasée.

D. *N'y a-t-il pas un accident plus particulier auquel cet animal est sujet et contre lequel il serait bon de chercher toutes les précautions possibles?*

R. Oui, et cet accident, source de mortalité, lui est suscité par la piqûre de certaines mouches qui se plaisent à déposer dans son sein leurs œufs pernicieux. Si sa chrysalide était libre, ces mouches le piqueraient ainsi en pénétrant entre les écailles qui forment son épiderme. Quand il n'est encore que larve, pourvu qu'il soit à l'état de liberté, il peut s'y soustraire en s'écartant et en s'éloignant. Mais dans l'état de domesticité cela lui est presque impossible. Aussi parmi les vers à soie s'en trouve-t-il fréquemment qui sont piqués, et les œufs qu'ils portent en se développant aux dépens de leur substance, les font ainsi mourir : souvent quand cette piqûre a lieu immédiatement avant que l'insecte ait créé son cocon, on trouve dans celui-ci les chrysalides des mouches parasites dont les larves s'y étaient développées, et avaient ainsi fait périr le ver à soie.

CHAPITRE II.

DES ESPÈCES ET VARIÉTÉS PARMI LES VERS A SOIE.

D. *Y a-t-il des espèces et des variétés différentes de vers à soie ?*

R. Il paraît qu'il en existe d'abord deux espèces : celle qui donne des cocons blancs, et celle qui en donne de couleur citrin plus ou moins pâle. Chacune d'elles a des variétés : les variétés de la première espèce présentent des cocons blancs azurés très-recherchés, de médiocre grosseur et des cocons d'un blanc mat, tantôt gros, tantôt très-petits. Les premiers sont appelés cocons *sina.*

La seconde espèce offre pour variétés des cocons qui peuvent être aussi d'une grosseur considérable, ou d'une extrême petitesse, se présentant d'une couleur *citrin*, nankin pâle, ou nankin rosé.

D. *Ces espèces et variétés nous sont-elles venues ainsi du Bengale ?*

R. Il n'est réellement venu de ces pays que le gros cocon couleur nankin, et celui couleur blanc azuré. Il paraît que les autres modifications proviennent de la différence des climats, et de celle des terrains où les mûriers sont élevés ; car la nourriture peut occasionner ces variétés dans la grosseur et la couleur des cocons. On a vu tout récemment, en 1838 (chez M. Chartron, de Saint-Vallier), des cocons venus directement de la Chine qui étaient d'une grosseur prodigieuse et d'une couleur uniforme. A ce qu'il paraît, ils n'éprouvent pas de variations aux environs de Naples et de Rome, car dans ces contrées on les voit toujours très-gros.

D. *On nous parle beaucoup d'une espèce de ver à soie de trois mues seulement; qu'en pensez-vous ?*

R. Je ne pense pas que ce soit une espèce différente de celle à quatre mues ; nous pouvons d'ailleurs nous en assurer, en suivant bien une éducation, et en observant avec soin la vie et la conduite de ces vers ; nous remarquerons qu'il y en a en effet toujours quelques-uns, quoiqu'en petit nombre, qui ne font que trois mues, restent plus petits et enfin arrivent en maturité : ils font un cocon qui est excessivement petit et resserré dans le milieu; nous les appelons *clairettes*, *avant-coureurs*.

D. *Ce sont donc ces vers qui sans doute forment l'espèce particulière dont on parle ?*

R. Cela n'est pas, car chaque magnanier en choisissant des cocons pour graines, a bien soin de ne jamais prendre que les cocons les plus gros et les mieux faits. On peut croire que c'est un écart de la nature qui les a produits, et il conviendrait de les appeler *monstres*. Il est vrai qu'ils se reproduisent, mais ils ne rentrent jamais dans leur espèce première ainsi que peuvent le faire les autres variétés.

D. *Si cependant ils vivent moins long-temps, s'ils mangent moins de feuille, il serait peut-être avantageux de les propager ?*

R. Il paraît que ce serait contre l'intérêt du magnanier d'élever cette sorte de ver : d'abord ils font des cocons qui ne sont guères plus gros qu'un gland; par cela même ils contiennent peu de soie; en second lieu, le filateur les rejette par la raison que le brin quoique gros, n'est pas fort. Le moulinier s'en plaint également. Du reste son éducation n'offre pas plus d'avantages que celle des autres variétés. En comparant le poids de la feuille mangée avec celui des cocons produits, on s'apercevra qu'il n'y a pas économie de feuille; d'ailleurs pour 500 grammes de cocons ordinaires, il faut environ 200 cocons, et de ceux dont nous parlons, il en faut plus de 400. Il y a donc 200 chrysalides de plus dans 500 grammes formés par ces derniers ; il est vrai qu'il y aurait à peu près compensation, en ce qu'elles sont moins pesantes; mais la différence reste toujours trop grande pour que l'avantage des premiers puisse être balancé en faveur des derniers.

CHAPITRE III.

DE LA QUANTITÉ D'ŒUFS DE VERS A SOIE (GRAINES) CONTENUES DANS 31 GRAMMES ; — DE SON PRODUIT BASÉ SUR 200 COCONS PAR 500 GRAMMES (COCONS ORDINAIRES). — LAVAGE DE LA GRAINE.

—

D. *Quel est le nombre d'œufs de vers à soie qui existe dans 31 grammes?*

Ce poids, tel qu'il est en déduisant la tare de l'étoffe sur laquelle se trouvent les œufs qui y ont été pondus, en renferme environ 43,000. Mais si par le lavage on sépare les graines mal fécondées et celles qui ne le sont pas du tout, il n'en reste plus que 34,700 environ. Ainsi, après ce lavage, qui, en outre, a encore enlevé la gomme qui attachait ces œufs à l'étoffe, on n'aura plus réellement que les 475es de 31 grammes, vrai poids de 34,700 graines lavées.

D. *D'après le calcul que vous me donnez il paraîtrait que les 4/5es de* 31 *grammes de graines de vers à soie, devraient vous donner, en comptant* 200 *cocons pour* 500 *grammes,* 86 *kilogr.* 5 *hectogr. de cocons; ou, si vous faites* 31 *grammes de graines lavées contenant soit* 43,375 *œufs,* 108 *kilogrammes?*

R. Il n'y a pas de doute que tous ces produits auraient lieu s'il était possible de ne pas perdre un seul de ces insectes, soit à l'éclosion, époque où ils sont si petits, si tendres, si délicats, soit lors des mues, soit lors du délitement qui occasionne souvent des mutilations, soit enfin en d'autres circonstances ou des accidents imprévus et des maladies peuvent survenir. Je les regarde donc comme impossibles à obtenir, d'autant plus qu'il faut soigner à la fois une quantité plus ou moins grande de vers à soie. Ce n'est qu'en élevant quelques-uns de ces insectes dans des boîtes que l'on peut, par comparaison, y arriver; ce n'est qu'alors qu'on peut dire : 31 grammes de vers à soie peuvent donner 108 kilogrammes de cocons, à 200 cocons par 500 grammes, et 125 kilog. à 173 cocons par 500 grammes.

D. *Qu'entendez-vous me dire quand vous parlez du lavage de la graine des vers à soie?*

R. Jusqu'à présent, bien des personnes détachent au moyen d'un couteau la graine des étoffes noires où elle a été posée par le papillon, et où elle reste attachée assez fortement par une gomme que cet insecte fournit à cet effet. Ils meurtrissent par là beaucoup de graines, ou bien les déforment, les percent même, c'est ce qui laisse voir combien cette opération est fautive. Après cela, on la jette dans une eau tiède où l'on a mêlé du vin ; elle y est brassée et frottée pour déglutiner celles qui sont attachées les unes aux autres. Celles qui sont fécondées et qui n'ont pas été meurtries par le couteau, coulent au fond, tandis que les autres restent sur la superficie de l'eau. On décante ; la mauvaise graine est entraînée ainsi que la gomme dissoute, et il ne reste plus, au fond du vase où cette opération a été faite, que la graine bien saine et bien fécondée : dans cet état, elle est posée sur des linges pour qu'elle sèche.

D. *Croyez-vous que ce traitement de la graine de vers à soie puisse mener à de meilleurs résultats ?*

R. A cette opération je ne vois qu'un avantage réel : c'est celui de s'assurer d'une manière certaine de la quantité des vers à soie qu'on se propose de faire éclore et d'élever. Au reste, il paraîtrait que ce procédé ne peut être que nuisible, car la température de cette eau tiède est au moins de 20 degrés, et nous ne devons élever la chaleur qu'à 13 degrés pour commencer l'incubation. D'ailleurs ces opérations ont-elles lieu à l'état libre? Cette addition de vin ne doit-elle même pas être contre nature? J'estime donc qu'il est prudent de ne pas employer cette méthode. (Note II).

CHAPITRE IV.

INCUBATION, — ÉCLOSION, — PREMIERS SOINS A DONNER AUX VERS A SOIE; — ÉPOQUE CONVENABLE.

D. *En supposant que vous avez de la graine de ver à soie pondue et soignée ainsi que vous le décrivez au chapitre de la ponte des papillons, quels sont les moyens que vous prendrez pour arriver à une éclosion telle qu'elle doit être pour les amener à bonne fin ? et quelle est l'époque où l'on doit s'y livrer?*

R. Selon la quantité de graines qu'on a à faire éclore, on cherche un local plus ou moins grand que l'on puisse chauffer facilement, jusqu'à 20 degrés, d'une manière douce et uniforme avec courant d'air et humidité. L'époque ne peut être fixée, cela tient à la pousse des mûriers qui est tantôt hâtive et tantôt reculée; deux pouces de jets aux pourettes, voilà le plus sûr indice.

D. *Les conditions que vous exigez me paraissent assez difficiles à obtenir; pourriez-vous indiquer quelques moyens pour les établir d'une manière peu dispendieuse ?*

R. Il se présente plusieurs moyens qui me paraissent fort simples : je vais en décrire quelques-uns.

1°. On peut chauffer un local par un poële que l'on placera dans une chambre ou plutôt dans un cabinet, à un des angles les plus éloignés de l'étagère sur laquelle la graine est posée; ensuite on placera un paravent devant ce poële pour éviter la chaleur directe; on tiendra constamment une marmite (plat ou casserole), pleine d'eau, sur ce poële: bien entendu qu'il doit s'y trouver une porte et une fenêtre vis-à-vis, que l'on ouvrira toutes les heures pendant quelques minutes.

Je dis de mettre un paravent devant le poële, afin d'avoir une chaleur égale, parce que si l'étagère était plus chaude devant que derrière, l'éclosion ne serait pas instantanée, elle durerait trois à quatre jours, et les vers ne seraient pas égaux en âge.

2°. Une ouverture sous les dalles d'une cheminée de cuisine qui conduirait, par des tuyaux, le calorique qui s'en échappe sous le plancher d'un cabinet, pourrait encore remplir le même but, puisqu'elle représente un calorifère. Par un petit trou pratiqué à ces dalles, on peut y introduire de l'eau qui donnerait une humidité constante.

3° Enfin celui qui est à préférer, est de faire un cadre, soit avec un montant d'étagères, soit avec de petits bois cloués, et de construire ainsi une petite chambrette, en l'entourant de couvertes ou linges épais. Ces couvertes ou linges ne doivent arriver qu'à deux ou trois pouces du sol, et n'être fermés qu'irrégulièrement au-dessus afin de laisser de petites ouvertures. Il s'établira, par le moyen de ces ouvertures, un courant d'air continuel de bas en haut; puis au moyen de cruches de bierre remplies d'eau bouillante que l'on placera dans le cadre, sur le sol, l'on obtiendra toute la température et l'humidité désirables; le nombre de ces cruches doit varier selon la capacité de la chambrette, subordonnée elle-même à la quantité de graines qu'on veut faire éclore.

Il est bien entendu que les graines exposées dans la chambrette doivent être placées dans le haut, sur des étagères que l'on y aura ménagées.

D. *Pourquoi exigez-vous de l'humidité dans cette chambrette où doivent éclore les œufs des vers à soie ?*

R. C'est afin d'imiter ce qui se passe naturellement en Chine par l'humidité qui y règne durant les nuits, à l'époque même de l'incubation. Bien plus, si nous voulons observer ce qui se passe en Europe chez tous les volatiles même domestiques, nous verrons que tous vont se baigner lorsqu'ils couvent leurs œufs, et qu'arrivés sur leur nid, ils cherchent à l'humecter autant qu'ils le peuvent. L'instinct de ces animaux est donc de ramollir la coque de leurs œufs et d'y insinuer de l'oxigène autant que possible pour donner vie au fœtus renfermé dans l'œuf. Plongez des œufs, n'importe de quelle espèce, dans de l'huile, soumettez-les à l'incubation, aucun ne viendra à éclore, les pores de la coque sont fermés par l'huile, l'oxigène ne peut arriver au fœtus.

D. *Comme vous l'avez exposé, nous avons donc un local établi que l'on peut chauffer à volonté ; mais expliquez-moi l'arrangement que vous allez donner à ces graines dans l'une ou l'autre des localités que vous avez indiquées ?*

R. Si la graine que j'ai à faire éclore est sur l'étoffe, je plierai mon étoffe en quatre et la poserai sur l'étagère ; si au contraire elle est en *garenne*. alors j'étendrai les graines dans une boîte à rebords très-bas, le moins épais possible, et je les recouvrirai d'un canevas à claire-voie par où les vers éclos passeront. Je remuerai très-légèrement cette boîte toutes les quatre heures au moins, je déploierai l'étoffe à pareils intervalles, pendant quatre jours de suite, afin de leur donner de l'air. A la fin de ces quatre jours, j'étendrai l'étoffe dans toute sa grandeur, sur l'étagère, pour ne plus être touchée, et je continuerai à remuer celle des boîtes, toujours outes les quatre heures jusqu'à leur éclosion.

D. *Pour faire éclore les graines préférez-vous les avoir en* garenne, *ou attachées à l'étoffe?*

R. Je mets une différence immense dans l'une et l'autre de ces conditions. La graine étant en *garenne* ou détachée de l'étoffe, ne peut être qu'amoncelée, plus ou moins, dans une boîte ; alors l'insecte voulant sortir de sa coque, fait des efforts inouïs pour y parvenir, parce que cette coque étant mobile, elle le suit dans tous ses mouvements, à travers les autres coques aussi mobiles et qui même le recouvrent. Il peut donc rester 2, 3 et 4 jours avant d'avoir pu atteindre le canevas qui est au-dessus de lui. La graine attachée sur l'étoffe n'a plus cet inconvénient; le point d'appui est fixe et naturel, l'insecte est de suite débarrassé de sa coque ; aussi l'éclosion est instantanée, et en deux matinées elle est achevée.

C'est alors que l'on peut commencer à observer ce que l'on voit constamment ensuite, que tous les grands phénomènes de la vie de ces insectes, ont toujours lieu de 2 à 9 heures du matin : l'éclosion, les quatre mues, la maturité du ver, le commencement de la fabrication du cocon, la transformation de chrysalide en papillon, le percement du cocon par le papillon, enfin la ponte des œufs. C'est ainsi qu'aux heures indiquées par la nature, dans la nuit, tout repose, et que tout se réveille et se vivifie à la lumière.

D. *Quel degré de température faut-il donner, pour les amener à une bonne éclosion ?*

R. Les premiers jours je commencerai à amener la température à 13 degrés, ensuite j'augmenterai d'un degré chaque jour jusqu'à ce que j'arrive au 20e degré. J'y resterai soigueusement la nuit et le jour. Le treizième jour une légère partie de ces œufs éclora et le surplus ou presque la totalité le quatorzième. Les insectes sortis de la coque seront d'un gris cendré et robustes (Note III).

D. *Si ces œufs venaient à éclore plus tôt ou plus tard qu'à l'époque que vous indiquez, qu'en résulterait-il ?*

R. Si l'éclosion avait lieu en six jours seulement, les vers sortiraient luisants et rougeâtres, ils ne pourraient vivre, parce que leurs corps auraient été trop promptement développés et leurs forces vitales par conséquent épuisées; si elle se fesait en vingt jours, ils sortiraient noirs, petits excessivement languissants et ne feraient jamais de bons cocons, malgré tous les soins possibles. Dans ce dernier cas, il y aurait eu manifestement faiblesse de constitution et impuissance de forces.

D. *Attendez-vous que tous les vers à soie soient éclos, pour les enlever de dessus les coques?*

R. Non, on place quelques petits rameaux de feuilles de mûriers sur la graine, et les vers venant s'y attacher, on les enlève délicatement, au fur et à mesure qu'ils éclosent, avec une petite pince ou un petit crochet fait avec un fil de fer très-mince; on place les vers attachés au rameau, sur une canisse garnie de papier. Le quatorzième jour on opère de même, ayant soin de séparer les premiers éclos des seconds; car ceux-là ayant déjà mangé, sont censés avoir un jour de plus et être plus avancés.

D. *N'y a-t-il pas d'inconvénient à ce que parmi les vers qu'on soigne, les uns se trouvent plus avancés que les autres?*

R. Oui, et cet inconvénient très-grand se fait sentir à l'époque des mues, la différence dans les âges, ne serait-elle que de vingt-quatre heures. En effet le ver à soie a besoin de nourriture dès qu'il a quitté sa première, sa deuxième, troisième et quatrième tunique, et si tous ne l'ont pas quittée à peu près en même temps, ceux qui restent sans l'avoir encore déposée, sont ensevelis dans la feuille qu'on est obligé de donner aux premiers dépouillés, et souffrent considérablement. Pour tâcher de remédier à cet inconvénient, il faut donner moins souvent à manger aux premiers éclos, et alors on parvient à les mettre de niveau. A cinq à six heures près, ce retard des uns aux autres peut être supporté et n'est pas nuisible aux vers qui sortent de la mue, car il arrive des circonstances où l'on est quelquefois obligé de les faire jeûner encore plus long-temps, sans leur porter d'autre préjudice que de ralentir le cours de leur développement.

D. *Ainsi donc les vers étant tous éclos le quatorzième jour, et étant posés sur des canisses couvertes de papier par le moyen de petits rameaux de feuilles, quels doivent être nos premiers soins ?*

R. 1°. A cet âge, ces vers ne peuvent plus être contenus dans la petite chambrette d'incubation. Il faut absolument en venir à l'emploi d'une autre chambre que l'on chauffera soit par un poële, avec un paravent, soit au moyen de l'espèce de calorifère ci-devant indiqué.

2°. Porter de suite la température du nouveau local où on les déposera à 17 et au plus à 18 degrés. A cet âge, les insectes usant peu d'oxigène, on ne donnera qu'un léger courant d'air, qu'on modérera en mettant à cet effet, aux fenêtres, des châssis de toile claire, comme le serait celle de canevas; mais il est nécessaire que ce courant d'air existe nuit et jour, avec la même température de 17 à 18 degrés.

3°. Leur donner à manger toutes les deux heures, depuis trois heures du matin jusqu'à neuf heures du soir, en tout neuf fois. Ne donner que toutes les trois heures à ceux éclos les premiers jours, afin de les rendre autant que possible du même âge que les autres.

4°. Le deuxième jour de leur naissance, il faut les déliter avec des filets faits avec un fil très-délié et à petites mailles, dont la grandeur soit la moitié de celle de votre canisse; ces filets étendus légèrement sur les vers, vous y jetez de la feuille par-dessus; deux heures après vous redonnerez comme à l'ordinaire. Tous les vers bien portants sans en excepter un seul, auront monté sur la feuille, et par conséquent sur le filet que vous levez pour le poser sur une nouvelle canisse. Le litier reste par ce moyen seul et sans vers. On l'enlève et on fait place à de nouveaux délitements. C'est ainsi que successivement on termine en bien peu de temps le délitement d'une grande quantité de vers.

Mais si malheureusement dans les campagnes on est dans l'ignorance ou dans le manque de moyens de se procurer des filets, il faut alors déliter avec de petits rameaux de mûriers, ainsi que nous l'avons pratiqué pour enlever les vers de dessus les coques de graines, au moment de l'éclosion.

5°. Enfin continuer ainsi jusqu'au quatrième jour inclusivement, époque où ils deviennent luisants, enflés, d'une apparence maladive : c'est la première mue qui va s'opérer pour donner lieu à l'entrée au deuxième âge.

D. *Vous dites qu'il faut donner à manger à ces insectes toutes les deux heures; peut-on leur donner la feuille telle qu'elle est cueillie sur le mûrier ?*

R. Pour aller au gré de la nature et par conséquent pour rechercher le bien-être de ces insectes, il faudrait seulement, avant de la donner, enlever le cœur ou l'extrémité du jet qui est toujours jaune, très-tendre et qui présente une feuille qui n'est pas faite : si l'insecte était libre sur un mûrier, il n'y toucherait que lorsqu'elle serait devenue aussi verte et accomplie que la première développée, mais dans l'état de domesticité, ne pouvant s'écarter pour aller se choisir sa nourriture, la faim le pousse à manger celle qui se trouve vers lui, et à se sacrifier ainsi malgré lui, si elle était mauvaise. Pour égaliser les portions que l'on donne, afin que le ver à soie ne soit pas plus épais sur la canisse dans un endroit que dans l'autre, on coupe la feuille avec un couteau, de manière à ce qu'elle soit assez menue, c'est-à-dire qu'il y ait trois lignes d'une *tranchée* à l'autre.

D. *Vous me dîtes de couper la feuille avec un couteau pour mettre de l'égalité dans les portions, c'est effectivement indispensable ; mais ne peut-il pas en résulter de grands inconvénients, et même une mortalité ?*

R. Certainement nous voudrions bien nous dispenser de couper la feuille; l'insecte peut très-bien, tout petit qu'il est, la mordre, la disséquer, l'approprier enfin à sa subsistance, en quelque point comme il le fait à l'état de liberté; d'ailleurs, et c'est notre raison principale, la lame du couteau ne tarde pas à être noircie par l'acidité de la feuille; elle prend ainsi un acétate de fer qui, étant déposé sur la feuille avec laquelle le couteau est continuellement en contact, lui fait contracter une influence pernicieuse aux vers à soie, car cet acétate, quoiqu'en petite quantité, peut leur être un poison. Ces insectes sont encore si petits à cet âge qu'il n'y a qu'une personne bien scrupuleuse et bien observatrice qui puisse s'apercevoir de cette mortalité, encore lui faut-il le secours d'une loupe.

S'il ne périt pas de suite, il peut au moins contenir un principe de maladie qui se développera, plus tard, au quatrième âge. Aussi faut-il avoir soin d'essuyer sur un linge très-propre, à chaque quatrième tranchée, le couteau dont on se sert. Combien il serait avantageux pour cet âge d'avoir de ces pourettes qui donnent une feuille assez petite, pour qu'on ne soit pas obligé de la couper, ou de se servir d'un couteau en platine qui serait inoxidable par le contact de la feuille.

Vous pourrez facilement vous assurer par vous-même de ce que nous venons d'avancer, en mettant de ces jeunes vers sur du papier bleu ou fortement azuré, et dont la couleur est due à du sulfate de fer : en moins d'une heure vous les verrez périr. Que doit-ce donc être lorsqu'ils viennent à manger les feuilles empreintes d'une pareille substance?

D. *N'y aurait-il pas d'autre cause qui pussent donner des maladies à ces insectes; expliquez comment on doit les prévenir ?*

R. Les personnes qui cueillent la feuille, et celles qui l'enlèvent de l'extrémité du jet, la coupent ou la distribuent aux vers, doivent se laver les mains soigneusement; ce besoin est impérieux dans chacune de ces opérations. En général toutes les odeurs sont nuisibles à ces insectes, surtout celles de l'ail, de l'ognon, du persil, du serpolet, du romarin, etc. L'haleine d'une personne dont la bouche n'est pas propre, est aussi nuisible.

Il ne faut jamais avoir les mains grasses ou huileuses en les soignant.

Les corps gras étant un poison instantané pour les vers à soie, toute influence préconisée par les anciens qui serait contre ce principe est une superstition (Note II).

D. *N'avez-vous rien observé de particulier dans l'intervalle de l'éclosion des vers à soie jusqu'à la première mue ?*

R. Il est impossible de ne pas être frappé d'admiration devant les moyens ingénieux que la nature emploie, dans sa prévoyance, pour tous les besoins de cet insecte. Nous avons déjà dit que l'œuf, après sa ponte, restait attaché à l'étoffe où l'on plaçait la femelle du papillon; ce but, ainsi que nous l'avons expliqué, était de faciliter l'insecte pour sortir de sa coque. Eh bien! l'insecte à la première et à la deuxième mue file sur son litier une espèce de filoche excessivement déliée, sa légère tunique s'y colle, et facilite ainsi au ver à soie le moyen de sortir de sa première dépouille.

CHAPITRE V.

DE LA DEUXIÈME MUE.

D. *J'examine les vers à soie sortis du premier âge, et j'aperçois que leur couleur grise s'est éclaircie, que leur volume a augmenté et qu'ils se trouvent amoncelés les uns sur les autres : quelle conduite allez-vous d'abord tenir à leur égard, et quelle est la cause du changement de couleur ?*

R. Répondant à votre dernière question, je dirai que l'insecte ayant grossi de manière à avoir acquis une grosseur double dans tous les sens, ses anneaux qui portent la couleur grise s'étant éloignés les uns des autres, laissent mieux apercevoir la vraie couleur blanche du ver à soie. Dans une autre occasion, en parlant de la structure du corps de cette chenille, je tâcherai de mieux vous en expliquer le motif. Je vais répondre maintenant à votre première question qui se rapproche plus essentiellement de notre but.

C'est dans ce moment que se fait sentir l'importance des filets. Que de regrets ne devront pas avoir ceux qui s'en trouvent privés : avec quelle facilité, avec quelle célérité ces vers seraient enlevés de dessus la litière pour être replacés sur de nouvelles canisses. Pour remédier au manque de cet objet, il faudra répéter le procédé que l'on a indiqué au délitement du premier âge, c'est-à-dire placer sur eux des rameaux de mûriers aussi également que possible. Bientôt tous les vers les ayant atteints, et s'y étant attachés, on enlèvera délicatement ces rameaux avec les vers qu'ils supportent pour les placer d'une manière assez libre sur de nouvelles canisses; car en cet état ayant doublé de grosseur, il faut doubler l'espace que chacun d'eux doit occuper dans leur nouveau gîte, d'autant plus que chaque jour cette grosseur va en augmentant.

Ces rameaux peuvent très-bien leur donner la substance d'un repas, toute la feuille en est dévorée en peu de temps. Mais comme les insectes se trouvant en peloton, n'ont pas pu tous en profiter, on peut leur donner déjà demi-heure après de la feuille coupée, toujours peu à la fois et le plus également possible, afin de les amener dans les vides, et faire en sorte qu'ils couvrent uniformement leur nouvelle demeure.

D. *Ne s'agit-il plus que de leur donner de la feuille pour les faire grossir et les amener au troisième âge? n'auraient-ils pas quelques ennemis à redouter ?*

R. Au fur et à mesure que les vers à soie prennent de l'accroissement, il est surtout nécessaire de surveiller et augmenter la circulation de l'air dans le local où ils sont placés, sans cependant changer la température de 17 à 18 degrés qui leur est encore nécessaire. Il est de rigueur de les déliter et de les éclaircir tous les jours. Il faut aussi avoir soin de leur donner, dans ce temps, un repas toutes les deux heures, à partir de trois heures du matin, jusqu'à neuf heures du soir. Comme la fourmi est l'insecte le plus à redouter pour les vers à soie, si par hasard on en apercevait dans le local où les vers sont placés, il n'y a pas à y hésiter, il faut changer d'emplacement; à tout âge la fourmi les détruit, mais surtout quand ils sont petits.

D. *N'y aurait-il pas quelques moyens de se débarrasser de la fourmi et d'en garantir le vers à soie ?*

R. Je ne crois pas qu'aucune espèce de moyens soit efficace. La fourmi fuit bien l'odeur de l'huile de *cade*, elle refuse d'y passer dessus; mais cette odeur dans un endroit fermé, asphyxie le ver à soie; d'ailleurs la fourmi a tant d'industrie pour parvenir à la friandise qu'elle a découverte, qu'elle monterait sur le couvert d'un appartement, pour y chercher une fissure ou la moindre ouverture qui pût la conduire à son but.

D. *Ces vers à soie, ainsi traités, ont-ils tous terminé cette mue en même temps? auriez-vous quelques observations à faire à ce sujet?*

R. Il y a, à peu de chose près, un intervalle de six heures des premiers aux derniers bien dépouillés. Pour continuer à les maintenir dans cette égalité d'âge, il ne faut leur appliquer les rameaux de feuilles qu'après l'accomplissement entier de cette époque; et ceux qui après cette opération restent encore sur le litier, ne sont que des vers qui ont été mutilés, malgré les soins apportés. Alors il est inutile de les conserver; jamais ils n'arriveraient à leur terme de maturité, pour *coconner.*

D. *Quel temps mettent ces insectes pour arriver à leur deuxième mue?*

R. Quatre jours. Ce terme peut varier si les soins indiqués n'ont pas été suivis scrupuleusement, si par exemple la température a varié en plus ou en moins, si l'on n'a pas soigneusement aéré le local, ou si encore on n'y a pas maintenu de l'humidité, par le moyen de l'ébulition de l'eau sur le poële.

D. *Si, au lieu d'un poële au moyen duquel on élève la température de 17 à 18 degrés dans le local proposé, on se servait de* brasières *que l'on placerait où l'on voudrait, ne serait-ce pas plus commode et moins dispendieux?*

R. Son usage peut remplacer celui du poële et des calorifères; mais le charbon qu'on y emploierait et qui ne brûlerait qu'aux dépens de l'oxigène, fournirait une si grande quantité d'acide carbonique, que, s'il n'existait pas de courants d'air près du sol de la chambre pour le faire dissiper, il s'y amoncellerait jusqu'à arriver à la hauteur des tables; remplaçant ainsi l'air atmosphérique, il asphyxierait les vers à soie, et incommoderait les personnes d'office. Il est donc très-prudent de s'en passer.

D. *L'oxigène vous paraît donc bien utile à la vie des vers à soie. Est-ce que l'air atmosphérique n'en contiendrait pas assez pour que le gaz acide carbonique provenant de la combustion du charbon ne pût pas entièrement le remplacer?*

R. Dans la nature tout ne vit, tout ne croît, tout ne prospère qu'au moyen de l'oxigène; c'est par son secours que le calorique se développe, c'est par lui que les corps brûlent et que la fermentation a lieu. L'air atmosphérique n'en contenant que dix-huit à vingt parties pour cent, il est bien vite usé dans un petit local où l'on fait brûler du charbon, et où le respirent des milliers de vers à soie. Ces insectes quoique étant à sang froid en usent bien plus que les autres animaux à sang chaud, et principalement à raison de ce corps soyeux qui se forme chaque jour et qu'ils élaborent sans cesse; en effet l'analyse de ce dernier donne beaucoup d'oxigène.

D. *Pourriez-vous donner un raisonnement plus sensible à l'intelligence, ou fournir quelques exemples frappants, pour prouver que l'air ne contient que 18 à 20 p. 100 d'oxigène, et qui se détruit aussi vite, par la respiration ou bien par la combustion d'un objet quelconque?*

R. Prenez un grand verre ou une cloche de même susbstance; puis un plat ou une assiette selon la grandeur du verre ou de la cloche : vous mettrez dans un de ces derniers environ un pouce d'eau; sur cette eau vous placerez une rondelle de liége sur laquelle vous aurez assujetti un morceau de bougie; après avoir éclairé cette bougie vous appliquerez graduellement ce verre ou cette cloche sur le plat, ne faisant d'abord que raser l'eau jusqu'au moment où il se formera bientôt un petit bouillonnement autour de ce verre ou de cette cloche; vous pourrez aussi le faire précipitamment. Dans le premier cas, le bouillonnement qui aura lieu, annoncera que la chaleur communiquée par la bougie, dilate l'air, en augmente le volume et le fait ainsi échapper par ce bouillonnement. Dans le second cas, vous apercevrez que l'air ne pouvant s'échapper se comprime de telle manière qu'il rend la superficie de l'eau, sous le vase employé, concave, malgré son poids et celui de l'atmosphère; mais bientôt la combustion de la bougie usant l'oxigène contenu dans le volume d'air qui est sous la cloche, vous verrez d'abord la surface de l'eau s'aplanir, et ensuite cette lumière produite par la bougie s'affaiblir, et enfin s'éteindre complètement. Alors, à mesure que la température produite par la lumière diminue, vous verrez l'eau s'élever sous ce vase, en raison du vide opéré par la destruction de l'oxigène, à la hauteur d'un cinquième de la contenance du vase. Donc l'air atmosphérique ne contient qu'un cinquième d'oxigène (air de la vie).

D. *D'après ce que vous m'avez dit avant ces dernières explications, il paraîtrait que le gaz acide carbonique est plus pesant que l'air atmosphérique : pourriez-vous par quelque procédé, m'en donner une preuve ?*

R. Avec un soufflet ordinaire de cuisine, après avoir bouché la douille avec un liége, faites l'aspiration en plaçant la soupape sur un brasier de charbon éclairé, jusqu'à ce que le soufflet soit rempli de gaz acide carbonique. Enlevez le liége et videz ce contenu doucement dans un vase redressé, en pressant le soufflet. Plongez une lumière dans ce vase, elle s'éteindra de suite; placez au fond de ce même vase des vers à soie, en moins d'une demi-heure, ils n'existeront plus et deviendront muscardins. Ayez un second vase dont l'ouverture ait le même diamètre que le premier, abouchez-les l'un sur l'autre, en renversant exactement sur ce dernier, celui qui était rempli de gaz. Vous vous assurerez ainsi combien l'air atmosphérique diffère de poids avec le gaz acide carbonique, puisque ce gaz se transvase de cette manière d'un vase dans un autre ; ainsi après avoir rempli de ce gaz un vase quelconque, une lumière s'y éteint, tant que l'ouverture se trouve supérieurement ; elle ne s'éteindrait pas s'il était renversé.

D. *Les derniers renseignements que vous venez de me donner au sujet de la nécessité de la présence continuelle de l'oxigène et de l'absence du gaz acide carbonique, me paraissent concluants; mais quels signes certains avez-vous pour connaître que les vers à soie sortis si heureusement de leur première mue, vont en faire une seconde dans quatre jours, pour entrer au troisième âge?*

R. Je ne saurais vous indiquer autre chose, que ce que je vous ai dit, en parlant de la première mue, à cette époque, et pendant les quatre derniers jours, leur grosseur est devenue huit fois plus considérable qu'elle l'était lors de l'éclosion. Ils ont alors deux lignes de longueur, ils sont luisants, ne mangent pas et paraissent comme dans un état de maladie. Si cependant on les touche, leurs mouvements sont très-brusques; si rien ne les contrarie ils restent au contraire fort tranquilles. Tout ce qui s'était passé, lors de la première mue, se répète exactement à la seconde, et dans toutes ses particularités.

D. *Combien de temps restent-ils dans cet état apparent de maladie et quel temps mettent-ils à quitter cette deuxième robe?*

R. Ces vers soignés ainsi que nous l'avons dit lors de la première mue, restent 12 heures avant de quitter leur tunique desséchée. Au bout de 24 heures on peut se mettre à l'œuvre pour les enlever de dessus le litier. Si l'on n'a pas de filets, ce que l'on ne doit cesser de regretter, il faudra encore se résigner à perdre beaucoup de temps pour placer et disposer convenablement des rameaux, afin d'enlever ces vers, et les placer ailleurs. Combien il faut encore le redire, cette opération est fautive, elle est cause que tant de vers sont mutilés ou mis hors d'état de vivre long-temps. Il est permis d'espérer que nos femmes de la campagne finiront par mailler des filets, dans le cours de l'hiver où elles sont peu occupées, et reconnaîtront ensuite tout l'avantage de leur emploi, dans l'éducation des vers à soie.

CHAPITRE VI.

LOCAL CONVENABLE AUX VERS A SOIE APRÈS LEUR DEUXIÈME MUE. — TEMPÉRATURE A LEUR DONNER. — CE QUI PEUT RÉSULTER D'UNE TRANSITION SUBITE DU CHAUD AU FROID ET DU FROID AU CHAUD, MÊME DE 12, 13 DEGRÉS JUSQU'A 26 DE VARIATION.

D. *Quelle localité devez-vous choisir pour placer les vers à soie après la deuxième mue alors même qu'ils viennent de doubler de grosseur, et qu'ils vont acquérir, en un jour, au moins huit millimètres de longueur ?*

R. Un rez-de-chaussée, un premier, un second, et même un galetas sont bons, si dans le local que vous choisissez, vous pouvez y pratiquer une ouverture à chaque 3 mètres d'intervalle sur la longueur d'une face, et autant sur celle vis-à-vis, et au moins une dans les deux extrémités. J'entends par ces ouvertures, portes, fenêtres ou autres petits trous que l'on peut pratiquer rez le sol et même au plancher supérieur. Par ce moyen on obtiendra une circulation d'air qui représentera à peu près l'état de l'air libre et toujours renouvelé qui règne dans les champs. On imitera ainsi, autant que possible, la manière d'être de ces insectes dans leur pays naturel, à supposer même que la température pût descendre, à cette époque, de 13 à 14 degrés, ce qui se présente bien rarement. Cependant toutes les ouvertures désignées auront des châssis en toile dite canevas, pour pouvoir être fermées en cas d'orages ou d'un trop grand courant d'air.

Ce local assez spacieux et déterminé par la quantité des vers à élever, doit contenir au moins 18 tables de 2 mètres de longueur sur 1 mètre 67 centimètres de largeur, par 31 grammes de graines; vous les établirez de manière à ce que les courants d'air puissent traverser sur leur largeur. Il convient de les établir tout de suite, parce que si l'on attend plus tard, il est incommode de déranger par ces dispositions les personnes qui se trouvent occupées à tant de soins dans une magnanerie, d'ailleurs, il est avantageux pour elle, de placer, lors du délitement, les vers sur les tables qui sont le mieux à leur portée, sans monter sur les échelles, pour arriver aux tables les plus élevées. Enfin comme il existe toujours une petite différence de température entre le bas et le haut de la magnanerie, il est bon qu'à cet âge on les tienne tous à la même hauteur, afin de les maintenir autant que possible dans une égalité d'âge.

D. *Quelle température devez-vous donner aux vers à soie après la seconde muc, et après les avoir placés dans un local plus spacieux, tel que vous venez de le décrire?*

R. Celle de 17 à 18 degrés est certainement la plus favorable si le courant d'air transversal est en même temps bien maintenu; mais il est bien difficile à une personne qui ne serait pas active ou assez intelligente de maintenir jour et nuit une pareille condition, sans exposer les vers à une trop haute température, et à l'absence du courant d'air. Aussi vaut-il mieux, dès cette époque, ne plus faire de feu, et s'attacher seulement à maintenir les courants d'air indiqués. Nous démontrerons dans la suite qu'aucun inconvénient n'y est attaché, bien loin de là.

D. *Qu'entendez-vous dire par courant d'air* transversal ?

R. Qu'il faut de nécessité que l'air passe sur les tables comme pour les balayer, afin d'enlever le gaz acide carbonique qui se forme autour et au-dessus des vers à soie, d'abord par leurs inspirations et respirations qui sont très-promptes et ensuite par la fermentation de la litière, fermentation qui n'a lieu qu'en usant l'oxigène si nécessaire à la vie de ces insectes.

D. *Vous me disiez, il y a un instant, qu'il serait prudent de ne pas chauffer vos vers à soie, parce qu'il serait à craindre que la personne qui les soigne ne s'oubliât; donnez là-dessus quelques explications ?*

R. Une température de 9 degrés ne peut pas faire périr les vers à soie, elle ne fait que les engourdir, et les retarder, parce qu'alors ils ne mangent pas : si dès leur naissance ils avaient été tenus en pleins champs, à l'air libre, ils mangeraient peu, il est vrai, mais ils ne seraient par engourdis. Des vers ainsi élevés ont parfaitement réussi, et ont fait leurs cocons au bout de 40 jours, à compter du jour de leur éclosion. Ainsi nous voyons que dans la nuit, ils ont dû avoir très-souvent une aussi basse température, et dans le jour très-souvent celle de 22, 24 et 26 degrés. Cette transition sans doute assez subite du froid au chaud et du chaud au froid ne les tue certainement pas, et ne leur donne aucune maladie. Comme nous l'avons déjà fait entendre en commençant, ces transitions sont bien encore plus fortes en Asie, par les fraîcheurs si vives qui succèdent aux brûlantes chaleurs, d'un court intervalle à l'autre. Donc il est vrai et plus prudent de conseiller aux magnaniers de laisser de côté le soin d'élever la température et de ne s'occuper plus que de bien aérer; ils seront par là sûrs et très-sûrs d'une bonne récolte, leurs vers ne coconneront peut-être pas le trentième jour, ni même le trente-unième, mais ils n'auront souffert en rien du retard. D'un autre côté, l'on peut être assuré que le ver à soie tenu à une température de 18, 20, 22 degrés ainsi que l'exigent à cet âge, quelques auteurs, a sa vie abrégée, puisqu'il fait son cocon au bout de 26 jours et que celui-ci devenant moins gros reste plus léger et moins soyeux. Ensuite, il est sujet par cette méthode à tant de maladies la plupart si pernicieuses, que la récolte finit toujours par en souffrir. Avec une si haute température, un air si dilaté et pas de courant sensible, un quart d'heure de distraction ou d'absence des surveillants, suffit pour tout perdre.

D. *Puisque vous nous dites que la récolte des vers à soie est si sûre, en ne donnant à ces insectes que la température naturelle, pourquoi l'avez-vous élevée jusqu'après la deuxième mue à 17 et 18 degrés.*

R. Parce qu'à cet âge, usant peu d'élément vital, ou du moins en moins grande proportion, puisqu'ils étaient plus petits, les soins et procédés indiqués ainsi que le local proposé suffisaient pour donner à leur corps toute l'accroissement et la robusticité désirables, en pressant même leur développement au moyen de la chaleur. Mais arrivés à l'âge qui vient de nous occuper maintenant, leur développement semble avoir besoin, pour être plus complet, d'être plus lent, et par conséquent condamnerait l'usage de la chaleur artificielle.

Bien plus, cette filoche, que j'ai fait remarquer, qu'il se crée et qui sert à retenir sa tunique quand il en sort, cette filoche n'était-elle pas déjà alors destinée par la nature pour l'abriter contre l'impression de l'intempérie ou de toute autre influence analogue? sans doute elle suffirait déjà pour que l'animal n'eût rien à souffrir en cas qu'on l'eût privé de chaleur, et comme je viens de le dire, nous avons employé cette dernière, non pour aucune crainte, mais parce que nous pouvions par ce moyen, hâter avantageusement le développement de son corps. On voit beaucoup d'autres chenilles s'entourer d'une espèce de réseau délié dans lequel elles s'enferment pour avoir moins à souffrir dans les moments de froid ou de toute autre condition critique. A l'état libre, il est assuré que les vers à soie se créent ce réseau, dans le même but. Arrivés à la troisième mue nous voyons que les vers ne forment plus cette filoche; ce qui doit achever de nous persuader de l'inutilité d'une température plus élevée. La nature laisse voir en effet qu'alors ils sont assez gros et puissants pour n'avoir plus besoin des moyens dont ils usaient auparavant pour protéger leur vie délicate et pour secourir leur faiblesse. C'est donc pour nous une raison de ne plus chercher spécialement qu'à les environner d'autres précautions plus essentielles en prévenant celles qu'ils se créent eux-mêmes à l'état naturel. Nous devons faire à leur égard ce que tous les animaux font envers leurs petits, puisque nous les avons réduits par la domesticité à perdre en quelque sorte la garantie de leur instinct; nous devons même leur porter des soins munitieux. Ainsi, après la seconde mue, mettons nos soins à les soustraire à de nuisibles influences, et dispensons-nous de les chauffer, ils ne sont plus nouveaux nés.

D. *D'après tout ce que vous me dites, il paraîtrait alors qu'il vaudrait mieux élever des vers à soie en plein air, en vaste campagne que dans les maisons ?*

R. Certainement oui, et vous seriez toujours assuré d'une bonne récolte, plutôt que de placer des vers à soie dans un lieu étouffé et difficile à bien aérer. Seulement, si le temps était froid, on aurait à soigner ces insectes pendant 40 à 45 jours au lieu de 30 à 32.

D. *Mais la pluie, les grands vents ne leurs nuiraient-ils pas ?*

R. La pluie ne leur fait aucun mal, en les délitant de suite après ; les grands vents pourraient renverser les étagères, soulever les litiers ; mais il n'est pas impossible de se garantir de ces inconvénients, en se servant de couverts postiches, et de planches placées contre les étagères du côté que frappe le vent. Des expériences et des faits nombreux et bien avérés sur tout ce que nous avançons ici, doivent lever toute espèce de doute, et établir une certitude pleine et entière à cet égard.

D. *Ces explications me paraissent concluantes. Revenons toutefois aux vers qui viennent de quitter pour la seconde fois leur tunique : expliquez-nous la conduite que vous avez à tenir pour les soins qu'ils demandent dans la nouvelle localité où vous les aurez placés ?*

R. Quoique j'aie prouvé qu'une température de

9, 12 et 14 degrés ne fait que retarder l'accroissement des vers à soie, je n'ai pas cependant voulu dire d'une manière absolue que lorsque la température descend à 15 degrés en paraissant devoir s'abaisser encore au-dessous, on ne puisse chercher à réchauffer le local par les moyens déjà indiqués. On établit des poëles dans les angles de la magnanerie, avec des paravents; on fait conduire les tuyaux qui y aboutissent, sur les murs, horizontalement, à la hauteur environ de ces poëles. On les prolonge tant qu'ils peuvent donner de chaleur avant de leur donner une issue. On doit tenir à ce que ce prolongement soit horizontal pour que la chaleur se développe d'une manière plus lente et plus universelle, et qu'elle ne soit pas perdue, comme il arrive lorsqu'on la fait échapper par des tuyaux verticaux qui aboutissent de suite à une cheminée ou au dehors. Cet appareil est le plus simple, le plus commode et le moins dispendieux.

Mais toujours il est constant qu'à une température naturelle de 15, 18 et 20 degrés, les vers à soie croissent à vue d'œil et sont exempts de toute maladie; seulement la condition essentielle est de bien aérer comme nous l'avons indiqué. En observant cette grande précaution, on pourra, sans risque, abaisser encore la température au-dessous des degrés que nous venons de désigner.

D. *Maintenant que les vers à soie sont plus gros et très-robutes, comment ordonnerez-vous leurs repas;*

leur donnerez-vous plus abondamment de la feuille ?

R. Le premier repas sera toujours servi à 5 heures du matin, les autres à chaque trois heures ainsi : à 6 heures, à 9 heures, à midi; puis à 3 heures, à 6 heures et à 9 heures du soir, ce qui fait en tout 7 repas dans les 24 heures. La feuille sera encore coupée, mais à 9 lignes de *tranchée* pour bien égaliser la nourriture que l'on distribue sur les vers et qu'on donnera avec le plus de parcimonie possible.

D. *Mais diminuant le nombre des repas et les donnant aussi faibles, il paraîtrait, selon vous, que ces insectes doivent moins manger à cet âge qu'au premier; cependant ils ont pris de l'accroissement et ils vont en prendre de nouveau.*

R. Il est vrai qu'on leur donnait autant de feuille au premier âge quoiqu'on cherchât aussi à leur en donner le moins possible; mais ils n'en mangeaient pas réellement le quart, parce que cette feuille mutilée par un instrument tranchant était desséchée en moins d'une heure, d'autant plus qu'elle était alors nouvelle et très-tendre. Aussi fallait-il en donner plus souvent, parce que le ver, qui ne pouvait plus la manger sèche, aurait souffert, si, quand son appétit revenait, on ne lui en eût donné aussitôt de fraîche. A l'âge qui nous occupe, les vers consomment un peu plus la feuille qu'on leur donne, soit parce qu'elle sèche moins vite, soit parce que l'animal est déjà plus robuste; mais encore n'a-t-on pas besoin de leur en donner davantage et même doit-on la leur donner toujours le plus légèrement possible.

D. *Vous recommandez de donner aux vers à soie des repas très-légers et souvent répétés; pourriez-vous en indiquer le motif?*

R. Cet insecte rendu domestique, ayant perdu une grande partie de l'instinct que la nature lui avait donné primitivement, mangerait au-delà de ses besoins et serait susceptible, par ce surcroît d'aliment dans son corps, de devenir malade; aussi doit-on être excessivement soigneux de ne leur donner qu'avec beaucoup de modération, surtout les feuilles de mûriers de Moreti, de multicaule, d'Espagne et autres très-grandes, comme celles des arbres placés dans des lieux marécageux, très-arrosés et frais. Ces feuilles étant beaucoup plus tendres que celles provenant des lieux secs, sont dévorées par les vers à soie avec tant d'empressement, que soit qu'elles ne soient pas assez bien broyées par ses mandibules, soit qu'il en mange plus qu'il lui est nécessaire, je le répéterai, il devient malade et meurt le plus souvent de la maladie de la muscardine, après avoir atteint une grosseur plus que d'ordinaire en un repas seulement.

Examinez de près cet insecte dans cet état : vous le verrez, après avoir acquis une grosseur extraordinaire, se vider promptement, devenir transparent, comme s'il était prêt à faire son cocon, et enfin périr, raide, de couleur rougeâtre. Cet insecte, ouvert à l'intant même, présente les deux boyaux soyeux crystalisés et durs. Voilà la vraie crystaline. Le reste du corps exposé à une température de 18 à 20 degrés, avec l'humidité de 75 degrés de l'hygromètre se recouvre de champignons, comme toutes les substances animales et végétales.

D. *N'avanceriez-vous pas vos vers de quelques jours, si vous leur donniez quelques repas la nuit ?*

R. Non, la feuille ne serait mangée que bien avant dans la nuit et vers les trois heures du matin ; car le repos est aussi pour ces insectes une loi indispensable ; et ce repos ne pouvant être détourné du temps où la nature l'a fixé, il s'en suit qu'il serait inutile de vouloir les faire manger alors.

D. *A cet âge, les vers à soie ont-ils quelques maladies à redouter ?*

R. Ils n'en ont pas plus à redouter que dans les deux premiers âges, pourvu toutefois qu'on soit toujours très-scrupuleux à donner des courants d'air transversaux sur les tables où ils sont placés; que tous les deux jours, comme nécessité absolue, on les délite avec précaution, pour ne pas les mutiler, soit avec des rameaux soit avec des filets, et qu'en même temps on augmente le nombre de tables à mesure qu'ils grossissent.

D. *Combien de fois devez-vous les déliter avant qu'ils arrivent à la troisième mue ?*

R. Si les vers ont été bien conduits, qu'ils se

soient trouvés à une température de 16 à 17 degrés, vous les verrez, au bout de six jours, prendre cette apparence maladive, perdre leur appétit et ce blanc azuré qu'ils avaient acquis, puis devenir luisants comme s'ils étaient enflés (c'est qu'ils le sont en effet) ; dès lors ne perdez pas un instant, serait-ce dix et onze heures du soir, délitez-les tout de suite, quand bien même vous les auriez délités la veille. D'abord le litier qui existe sous eux leur nuirait, en ce que cette mue étant un peu plus longue que les deux autres, il pourrait fermenter, ensuite le ver à soie dérangé dans le cours de la mue, n'ayant plus la force (car ses pattes muent aussi) de se replacer convenablement, périrait infailliblement.

Ainsi le ver à soie a dû être délité de trois à quatre fois dans le cours de ce troisième âge.

CHAPITRE VII.

DES SOINS A METTRE POUR RÉCOLTER LA FEUILLE; — DE LA PETITE AVANCE QUE L'ON DOIT EN AVOIR; — DU LOCAL POUR L'Y CONSERVER; — DE LA NÉCESSITÉ ABSOLUE DE LA LUMIÈRE ET D'UN CONSTANT AÉRAGE.

D. *Quels soins doivent avoir les personnes qui ramassent la feuille de mûrier, soit pour avoir la feuille saine, soit pour ménager la conservation du mûrier?*

R. Ainsi que nous l'avons dit au chapitre IVe,

on doit avoir les mains fraîchement lavées, afin qu'elles ne puissent imprégner à la feuille ni corps gras, ni aucune odeur : l'un et l'autre sont pernicieux d'après les principes que nous avons déjà exposés tant de fois; c'est-à-dire comme renfermant ou exhalant des substances ennemies de la vitalité, telles que le carbone, l'hydrogène, etc.

A mesure qu'on la cueille, on doit la déposer sur un drap ou dans un sac, sans l'y serrer. Sans cette précaution elle s'échaufferait, commencerait à fermenter, et dès ce moment deviendrait sûrement une nourriture très-dangereuse pour les vers à soie.

D. *Pourriez-vous expliquer pourquoi cette feuille serait aussitôt altérée si elle était comprimée dans des sacs ou autrement ?*

R. Quand la feuille est ainsi entassée et qu'elle est trop serrée, la privation où elle se trouve de la lumière et de l'air faisant que l'exhalaison de plusieurs de ses principes (savoir : l'oxigène et l'acide carbonique) ne peut plus avoir lieu, alors l'humidité qu'elle contient les fait réagir les uns sur les autres, et fait éprouver à cet oxigène et à cet acide carbonique des changements dans leur combinaison. C'est là ce qu'on appelle fermentation, et c'est ce nouvel état de la feuille où elle perd absolument toutes ses propriétés naturelles qui fait qu'elle est meurtrière pour les insectes.

D. *La feuille de mûrier doit donc alors être répandue sur les vers à soie aussitôt qu'elle est cueillie ?*

R. Ce serait certainement très-bien. Lorsqu'ils

sont encore très-jeunes; cela peut facilement avoir lieu; mais il vient une époque où les vers consomment tant de feuille qu'on ne pourrait leur servir des repas réguliers, si l'on n'en avait en avance au moins pour deux. D'ailleurs il pourrait survenir de la pluie; alors la feuille risquerait encore beaucoup plus, étant ensachée, d'éprouver la fermentation. Du reste, l'arbre mouillé en souffrirait, parce qu'on l'écorcherait en lui enlevant la feuille.

D. *Le ver à soie souffrirait-il beaucoup si on lui donnait à manger de la feuille mouillée ?*

R. Non. Dans son état de liberté il la mange sur le mûrier, aussi bien sèche que mouillée, sans en être incommodé. Il jouit pour cela d'une singulière faculté : en l'examinant au moyen d'une loupe, on voit en effet, au moment où il mange, l'eau découler de ses mandibules. Dans la domesticité il y a cet inconvénient que la litière étant mouillée, fermenterait trop vite, et engendrerait bientôt la muscardine, si l'on n'avait soin de les déliter après le repas. Il vaut donc mieux toujours avoir de la feuille sèche, et ne pas exposer ces insectes à cette maladie si prompte et si destructive. Les courants d'air y seraient peut-être alors inutiles et une distraction de quelques minutes pourrait achever de tout perdre.

D. *S'il faut autant de précautions pour soigner et conserver la feuille, il faut donc encore avoir un local approprié à cette conservation ?*

R. Il n'y pas de doute ; car c'est des soins que

l'on met à conserver la feuille pour deux ou trois repas, que dépendent la santé, la robusticité des vers à soie, en un mot la réussite. Avec une nourriture saine et bien appropriée à l'animal domestique qu'on élève, on trouve toujours à se louer et à trouver une heureuse satisfaction. Ainsi donc, un local assez vaste pour la quantité de vers qu'on élève; dans un rez-de-chaussée s'il se peut briquetté, bien aéré, mais sans courant d'air et surtout bien éclairé, voilà ce que l'on doit rechercher. A mesure que la feuille y est introduite, il faut avoir soin de la brasser avec une fourche de bois, et non avec les mains parce qu'elles pourraient être suantes; alors il en résulterait l'inconvénient dont nous avons parlé. Cette feuille doit être ainsi brassée au moins toutes les trois heures avec cet instrument et l'on doit faire en sorte qu'elle soit assez dispersée pour n'être jamais en tas de plus de 17 centimètres d'épaisseur.

D. *Pourquoi exigez-vous un local très-éclairé sans courant d'air pour la conservation de la feuille ?*

R. Le motif en est assez simple; d'abord on comprend facilement qu'un courant d'air tend à dessécher toute espèce de végétal qui n'a pas vie, je veux dire qui ne peut en recevoir une longue continuité, soit par les racines soit par le tronc de l'être auquel il appartient. Quant à la lumière, il est aisé de concevoir que la feuille fraîchement ramassée peut, au moyen de son pétiole ou espèce de tige, avoir sa vie entretenue pour plusieurs heures, si on la laisse sous l'influence de cet agent si puissant pour l'existence de toutes choses. Examinez par vous-même de la feuille cueillie au même instant et sur le même arbre et dont vous aurez mis une partie dans une urne et l'autre étendue sur le sol , le tout dans le même local indiqué, à l'abri toutefois des rayons du soleil. Au bout de sept à huit heures, la première sera flétrie et étiolée, et la seconde encore craquante et fraîche. Qui de nous n'a pas observé qu'une pomme de terre en germination dans une cave qui n'a qu'une légère ouverture, étend une tige de plusieurs mètres , avec deux feuilles seulement au bout, pour aller chercher la faible lumière produite par cette petite ouverture et s'y introduire. Voyez encore le tournesol présenter du matin au soir sa large fleur au soleil, le suivre du même mouvement, et se retourner dans la nuit, pour se retrouver en face de lui à son lever.

D. *Tout ce que vous venez de nous dire au sujet de la cueillette de la feuille et de la manière de la conserver paraît d'une très-grande utilité ; mais si un mûrier paraît maladif et que son feuillage soit jaunâtre ou d'une couleur peu naturelle , devez-vous la laisser cueillir et la donner aux vers à soie comme une nourriture saine ?*

R. Le magnanier soigneux doit souvent vérifier les mûriers qui doivent fournir la nourriture des vers à soie qu'il élève , afin de reconnaître ceux qui présenteraient un état maladif : ceux-ci ne pouvant que fournir de la feuille mal saine et peu appropriée à l'hygiène de ces insectes, doivent être délaissées. Pareille nourriture ne pourrait qu'engendrer des maladies funestes et la mort des vers à soie. Combien arrive-t-il souvent que la mortalité presque générale survient dans une magnanerie sans en soupçonner la vraie cause, tandis qu'elle n'est cependant que le résultat d'une feuille qui ne réunit pas toutes les conditions voulues, donnée inconsidérément aux insectes que nous voudrions amener à une bonne fin.

D'ailleurs n'est-il pas de l'intérêt du cultivateur de ne pas dépouiller un mûrier déjà maladif, afin qu'il puisse reprendre de la vigueur par l'effet de l'air et de la lumière dont le feuillage a la propriété de les si bien mettre à profit dans l'intérêt de la durée de son existence.

CHAPITRE VIII.

SOINS A DONNER PENDANT LE TEMPS DE LA TROISIÈME MUE, SA DURÉE, SIGNES DE LA MUE PARFAITE. — NOUVELLE COULEUR QUE LES VERS ONT PRISE, MOYEN DE LES ÉGALISER PAR LE JEÛNE. — SOINS DU DÉLITEMENT.

—

D. *Quels soins devez-vous apporter aux vers à soie pendant le cours de leur troisième mue?*

R. On aperçoit sans doute, une certaine quantité

de vers qui n'ont encore que le symptôme de l'engourdissement où ils doivent tomber pour faire leur troisième mue; alors il faut continuer de leur donner quelques repas très-répétés, laissant de côté l'ordre suivi jusque là, afin de les presser pour arriver à la mue. Ces repas doivent être excessivement modérés, de crainte d'abord de perdre inutilement de la feuille, de provoquer l'indigestion, et ensuite pour ne pas surcharger les vers déjà immobiles dans leur état apparent de maladie. Une petite quantité de feuille semée sur leur corps paraît cependant nécessaire; car n'ayant plus filé pour attacher leur dépouille, cette feuille qui a eu le temps de sécher semble leur aider à la quitter. Dans ce moment on doit avoir une température de 15 à 17 degrés, et surtout des courants d'air, afin que l'aliment de la respiration soit abondant. Dans cet état, les seize stigmates aériens ou trous placés au-dessus des pattes, et par où ils respirent paraissent ou doivent être en partie bouchés, et il ne leur resterait dans cette supposition que les deux stigmates de la tête pour donner de la vie à tout le reste du corps. C'est sans doute cette gêne dans la respiration qui les rend immobiles et les fait paraître comme malades.

D. *Combien de temps dure cette mue ?*

R. Cela tient aux soins plus ou moins assidus et observés tels qu'on les a indiqués jusqu'à présent; si les vers sont faibles indolents, par défaut d'air ou par manque d'ordre dans les repas que l'on donne, ou encore par d'autres motifs tels que ceux dont on a parlé, leur mue ne sera pas achevée au bout de quarante-huit heures, tandis que dans le cas contraire, elle peut l'être en moins de vingt-quatre. Vous reconnaîtrez que la mue est terminée, par la couleur roussâtre qu'ils auront prise, la grosseur qu'ils auront acquise, et la vivacité qu'on observera dans les mouvements de leur tête qu'ils élèvent comme pour mieux respirer, et pour compenser la perte de cet agent dont ils ont été privés en partie pendant la mue.

D. *Vous m'avez fait observer, il y a un instant, qu'il est possible que tous ces insectes puissent bien ne pas être à la fois en mue; dans ce cas, il en est certainement quelques-uns qui ne sont pas encore dépouillés de leur vieille tunique; que devez-vous faire alors?*

R. D'abord il faut attendre cinq, six et même sept heures, que les derniers entrés en mue en soient sortis. (Les vers mangent peu après la mue: il n'y a aucun inconvénient à les faire jeûner). Puis avec des rameaux, à défaut de filets, on doit enlever tous les vers, les placer sur des tablettes en carton munies d'un petit rebord en bois, sans les amonceler, et les transporter sur de nouvelles tables où on les pose aussi délicatement qu'on les avait levés de dessus celles où la mue s'est opérée, à des distances de 8 à 10 centimètres de rameau à rameau.

D. *Sans doute devant enlever les litiers sur lesquels*

cette troisième mue a eu lieu, vous devez prendre des précautions pour cette opération : indiquez-les ?

R. Ce litier répendant beaucoup d'odeur et souvent celle de moisi qui est un des principes de la muscardine (un ver à soie resté enseveli dans du litier moisi devient immanquablement muscardin) fait le même effet de la moisissure du fumier que l'on met dans la terre sur une couche chaude pour avoir des champignons. Il faut amasser ce litier dans des corbeilles ou sur des linges, sans le laisser tomber sur le sol, et le sortir promptement du local où sont les vers à soie, en même temps passer dans ce même local la bouteille de chlore indiquée par les chimistes, afin de détruire les miasmes et répandre une plus forte quantité d'oxigène que l'air ordinaire en contient. (Note II.)

D. *Qu'est-ce que c'est que cette bouteille de chlore? de quelles substances est-elle composée? Comment se la procurer?*

R. Cette bouteille renferme du sel marin, de l'oxide de maganèse, de l'acide sulfurique et de l'eau. Pour la former, on pile quatre parties de sel avec deux parties de l'oxide de maganèse dans un mortier. On met ensuite ces deux substances dans une bouteille plus ou moins grande, selon la grandeur de la localité; on y ajoute deux parties d'eau et ensuite peu à peu deux parties d'acide sulfurique; la réaction qu'opère cet acide échauffe la bouteille, le gaz se dégage et se répand, avec une couleur blanchâtre et une odeur piquante.

Chaque fois que l'on veut s'en servir on brasse la bouteille et on la promène dans le local où sont les vers à soie. Ce gaz en donnant lieu à beaucoup d'oxigène remplit l'indication exigée.

D. *Que peut coûter ce composé, y compris la bouteille ?*

R. Voici le montant du prix total :

Bouteille noire ou blanche de 2 litres	» f.	40 c.
2 hectogr. 48 gr. de sel ordinaire . .	»	10
1 hectogr. 24 gr. d'oxide de maganèse	»	35
Idem. d'eau pure	»	»
Idem. d'acide sulfurique .	»	25
Montant	1 f.	10 c.

D. *Le délitement opéré ainsi que vous l'avez indiqué, quels sont les nouveaux soins que vous allez donner aux vers à soie ?*

R. Les voici : arrivés au quatrième âge, époque où ils ont acquis environ 3 centim. de longueur, et une grosseur proportionnée, de là à la quatrième muc, leur volume aura encore accru d'un quart, en leur donnant cinq repas par jour, de quatre en quatre heures, et en commençant toujours à trois heures du matin. C'est pourquoi en les délitant régulièrement tous les deux jours, vous devez avoir, pour qu'ils soient éclaircis, augmenté votre nombre d'un tiers.

A cette époque il n'est plus nécessaire de couper la feuille, on la leur donne telle qu'elle a été cueillie, je veux dire les rameaux avec les mûres et pourvu toutefois que les mûres ne fassent pas le sirop.

La température de rigueur ne doit pas dépasser 17 à 18 degrés. Les vers à soie s'acclimatent à la température de la saison. Quand bien même elle pourrait venir à 14, 15 et même 10 degrés, cette variation ne les tuerait pas, seulement ils seraient retardés, mais ils n'en souffriraient en aucune manière.

D. *Voici bien des observations à la fois; permettez que je les considère les unes après les autres, afin d'en avoir l'intelligence ; ainsi dites-moi d'abord pourquoi vous ne coupez plus la feuille, et la donnez avec les rameaux et les mûres.*

R. D'abord ce triage de feuilles prendrait un temps infini et trop précieux dans un moment où il faut déjà beaucoup de bras pour cueillir la feuille, la donner aux vers avec précaution pour l'égaliser, et enfin pour déliter. En second lieu, les rameaux, les mûres encore vertes servent à tenir le litier soulevé, et par là le rendent bien moins susceptible de fermenter, puisqu'il n'est plus si serré.

D. *Pourquoi cette observation* pourvu toutefois que les mûres ne fassent pas le sirop ?

R. C'est que, comme nous l'avons déjà fait observer, toute substance grasse et visqueuse est poison pour le ver à soie. Aussi quand le fruit du mûrier est en maturité, il donne facilement, sans être fortement comprimé, un sirop qui tache la feuille;

alors, ou l'insecte ne la mange pas, ce qui arriverait s'il était libre, ou s'il la mange, comme il peut le faire à l'état de domesticité, il périra d'indigestion en peu d'instants. On peut s'en assurer par ses yeux, et on se convaincra de la vérité de ce que j'avance.

D. *Mais alors il paraît bien difficile de se préserver de ce désastreux inconvénient, si la feuille n'est pas soigneusement triée avant de servir le repas aux vers ?*

R. Quand bien même on la monderait alors, elle pourrait être tout aussi mauvaise, puisqu'elle aurait été tachée quand on la cueillait, ou bien quand on la plaçait dans des sacs ; car malgré tous les soins il s'exerce toujours une légère pression qui écrase quelques-uns de ces fruits. Mais il faut que la personne qui est chargée de cueillir la feuille ait assez d'intelligence pour examiner si le mûrier a du fruit mûr, et dans ce cas secouer l'arbre jusqu'à ce qu'il ne tombe plus de mûres. Alors elle peut cueillir la feuille, lorsqu'elle a acquis la conviction qu'il ne reste plus de fruits.

D. *J'ai ouï dire qu'il arrivait que les vers à soie mangeaient souvent les mûres ?*

R. Cela est vrai; lorsqu'ils n'ont plus de feuilles à leur service, ils attaquent les mûres quand elles sont vertes et naissantes. On n'a pas encore aperçu, malgré des observations assidues, que dans cet état elles incommodassent les vers à soie, prises comme nourriture. Mais c'est un signe pour le magnanier observateur que cet insecte a appétit et que le dernier repas a été trop faible. Dans ce cas il ne faut pas craindre de leur jeter quelques feuilles indépendamment de ces repas réglés. Un air plus frais qu'à l'ordinaire qui les réjouit, une contrainte qu'ils éprouvent sur les tables où ils sont amoncelés, peuvent réveiller en eux un appétit peut-être peu naturel; il est bientôt calmé au moyen de quelques feuilles.

D. *Vous avez encore dit qu'il ne faut pas dépasser la température de 17 à 18 degrés ; mais si avec les portes, les fenêtres et toutes les ouvertures entièrement libres, celle de l'air vient à monter au-dessus et même jusqu'à 22 degrés, quelle conduite avez-vous à tenir ?*

R. Tant que l'air circulera avec assez de force pour faire vaciller la flamme d'une chandelle ou d'une lampe, ne craignons rien jusqu'à cette température; mais si le thermomètre, comme il arrive quelquefois, dépassant 22 degrés arrivait à 25 à 26 et qu'il n'y eût aucun courant d'air (ce que nous appelons touffeur), alors il faudrait s'empresser d'établir dans la magnanerie des cordages de lessive, de mouiller de grands linges (comme draps de lit,) et de les étendre sur ces cordes; tout comme encore de verser beaucoup d'eau sur le sol. Par ces moyens vous amenez d'abord de la fraîcheur, et même vous obtenez ensuite par la siccité de cette eau, beaucoup d'oxigène qui reconstitue avantageusement l'air que vous aviez si dilaté.

D. *On entend souvent dire que le ver à soie est un de ces insectes qui ne se meuvent que pendant la nuit, qu'ils craignent la lumière et même le soleil. Qu'en pensez-vous ?*

R. Les rayons du soleil qui tomberaient directement sur leur corps, les tueraient certainement. Leur forme arrondie, cette division d'anneaux assez rapprochés, la transparence de leur peau, enfin toutes ces circonstances réunies forment une espèce de lentille qui rassemble tant de rayons lumineux à la fois qu'on peut penser, par les tâches roussâtres, qui paraissent entre leurs anneaux, qu'il y a réellement brûlure et désorganisation dans l'individu, puisqu'il meurt assez subitement. Mais quoique le ver craigne effectivement le grand jour et surtout la réverbération, la lumière lui est indispensable, toutes les phases de sa vie ont lieu sous son influence. Je l'ai dit dans le IVe Chapitre et j'aurai lieu de le remarquer encore plus loin.

Ainsi, je conclus que le ver à soie n'est pas un insecte de nuit, mais qu'il redoute le grand jour, la réverbération et le soleil. On peut donc le mettre parfaitement à son aise avec des rideaux. Je pense que la couleur verte serait la plus favorable, parce qu'elle se rapproche le plus de celle de leur nature.

D. *Dans toutes vos réponses qui paraissent assez satisfaisantes, vous dites bien : il faut donner des repas aux vers à soie, mais vous n'avez jamais indiqué quelle quantité* 31 *grammes de vers à soie peuvent manger à chaque âge et lorsque la consommation va en augmentant. Il serait bien de la connaître, pourriez-vous nous l'apprendre ?*

R. La vraie consommation ne peut être qu'approximative, parce qu'elle dépend des soins que le magnanier a pu mettre à la distribution de la feuille aux vers à soie, en en donnant plus ou moins que leurs vrais besoins le demandaient. Cependant voici le résultat de quelques observations sur 31 *grammes* de graines :

Dans le 1er âge on aurait consommé environ	7 kil.
Dans le 2e âge	17 kil. 5 hect.
Dans le 3e âge	30 kil.
Dans le 4e âge	155 kil.
Dans le 5e âge	725 kil.
Total	934 kil. 5 hect.

D. *Le propriétaire connaît-il bien la quantité de feuilles qu'il peut cueillir sur ses mûriers, afin de se régler pour la quantité de graines qu'il doit faire éclore ?*

R. Malheureusement il est bien peu de personnes qui le sachent. Aussi, pendant tout le cours de l'éducation des vers à soie, chacun est-il dans l'inquiétude, chacun craint-il d'en manquer. Il en résulte que souvent on fait jeûner les vers, on diminue le nombre des repas, ou on les rend trop peu copieux. On s'enquiert où il y aura de la feuille de reste, si la récolte de tel ou tel marche bien, enfin l'éducateur au lieu d'avoir l'esprit tranquille et uniquement attaché aux soins minutieux qu'exige la conduite de la magnanerie, dans la crainte qui l'agite, néglige tout et, par un excès de zèle l'expose, à une perte complète. S'il voulait au moins une fois peser la feuille au fur et à mesure qu'on la ramasse, il saurait à peu près et pour toujours, qu'avec 954 kilo. 5 hect. de feuilles, il peut élever 31 grammes de vers à soie qui lui rendront de 50 à 60 kilogrammes de cocons.

D. *Sans nous en apercevoir nous sommes entrés dans des digressions presque étrangères aux soins de nos vers à soie. Nous les avons laissés au moment où ils entraient au quatrième âge; dites-nous d'abord combien de jours ils vont rester pour arriver à la quatrième mue; quels sont les symptômes de son arrivée, et quelle est la marche que nous avons à suivre?*

R. En soignant les vers ainsi que nous l'avons déjà dit, c'est-à-dire en leur donnant cinq repas par jour aux heures indiquées; en les laissant dans un constant courant d'air horizontal; en le modérant, s'il était trop fort ou pétulant, par des châssis garnis de toile claire ou canevas; en les garantissant autant que possible d'une température trop élevée; en leur donnant de la lumière; et enfin en les délitant régulièrement tous les deux jours, en augmentant chaque fois le nombre de tables pour les éclaircir (en l'état, 31 grammes de vers doivent occuper huit tables); puis ils entreront à leur quatrième mue, du sixième au septième jour. On reconnaîtra facilement par les symptômes que j'ai indiqués précédemment, que la mue se manifeste. Il faut alors déliter, quand même cette opération aurait été faite la veille. C'est dans ce moment qu'on doit redoubler de vigilance et de soins. L'emploi de la bouteille de chlore surtout ne doit pas être oubliée ; si elle ne donnait dans ce moment que peu de gaz (ou vapeur), on peut ajouter de l'acide sulfurique, et l'effervescence recommencera. Cette dernière mue est la plus pénible et quelquefois la plus longue, si l'on n'a pas soin d'entretenir beaucoup d'humidité dans le local où ils sont placés.

CHAPITRE IX.

DE LA QUATRIÈME MUE, — LA POSITION DES VERS A SOIE RELATIVEMENT A LEUR MALADIE APPARENTE, — SIGNE QU'ILS DONNENT D'UN ÉTAT SATISFAISANT, APRÈS LEUR MUE; — AUGMENTATION DU NOMBRE DES TABLES, — CONDUITE A TENIR PENDANT LE CINQUIÈME AGE.

—

D. *Combien de temps les vers à soie paraissent-ils être, presque tous, enfouis dans leur litier ?*

R. Environ trente heures : pendant cette époque on ne leur a plus donné de feuille. Après le dernier repas qu'ils ont pris, on les voit tomber dans l'indolence, on craint pour leur vie et, plein d'inquiétude, on s'empresse, en voyant quelquefois la température dépasser 18 degrés, d'ouvrir les châssis qui cependant ne sont garnis qu'avec du canevas, de donner de l'humidité, et de passer autour des tables plusieurs fois la bouteille de chlore. Après cette opération on aperçoit quelques-uns de ces vers d'une couleur rousse, luisants, transparents, se montrer avec des têtes refrognées et paraissant plus grosses qu'à l'ordinaire.

D. *Dès ce moment, ne leur donnez-vous plus à manger ?*

R. De peur que quelques-uns ne voulussent encore manger, il ne faut pas craindre, ne serait-ce que pour les rafraîchir et leur donner un peu d'humidité, de leur donner quelques feuilles en y revenant souvent (d'heure en heure), enfin jusqu'à ce qu'ils restent immobiles sous cette feuille; c'est ce qu'on appelle vulgairement les vers à soie enterrés, car il ne faut pas croire que ces insectes aient cherché d'eux-mêmes à s'enfouir dans la feuille.

D. *A quels signes pouvez-vous reconnaître que cette quatrième mue se passe bien ?*

R. Quand on aperçoit que les premiers qui quittent leur vieille tunique, en commençant par dépouiller leur museau, montent hardiment au-dessus du litier et qu'ils cherchent en élevant la tête, de la nourriture et de l'air, qu'ils ont augmenté de grosseur et qu'ils ont une belle couleur rousse; alors les signes d'une bonne condition sont manifestes. Mais si vous vous apercevez qu'ils restent plus de trente heures à se dépouiller de cette tunique ou vieille peau dont ils cherchent à se dessaisir, qu'elle reste au milieu du corps bien desséchée, ne tardez pas à donner beaucoup d'humidité à l'air qui les entoure.

On a vu un magnanier attentif qui, s'apercevant que les vers ne pouvaient quitter leur vieille robe et qu'elle restait au milieu du corps de ces insectes malgré les grands efforts qu'ils faisaient, on l'a vu, dis-je, prendre le parti d'arroser très-copieusement ces vers avec de l'eau fraîche par le moyen d'un petit balai en forme d'aspersoir; peu d'heures après tous ses vers eurent quitté leur tunique, pas un seul ne fut malade et tous après avoir mangé avec voracité firent des cocons de toute bonté.

D. *Les vers ayant ainsi bien opéré leur mue au bout de trente heures, quelle conduite doit-on tenir à leur égard, quels sont les soins que l'on doit en avoir ?*

R. C'est encore ici que l'on doit regretter de ne pas avoir des filets ; je ne saurais assez le répéter, surtout dans ce cas, à cause du délitement pénible qu'occasionne l'accroissement de ces insectes acquis dans cette dernière mue et celui qu'ils vont acquérir considérablement pendant six à sept jours ; ils doubleront de volume. L'opération de leur délitement doit être prompte; car la fermentation doit se manifester dans le fumier qui est sous ces insectes depuis plus de quarante heures et qui s'est accru plus qu'à l'ordinaire en raison de ce qu'ils ont peu mangé des dernières feuilles qu'on leur a données. Donc si l'on n'a pas de filets qu'on se serve des tablettes que nous avons déjà indiquées avec la manière de les employer et que l'on pose ces vers sur de nouvelles tables, bien séparées les unes des autres; qu'on les place avec tous les soins possibles, car vu la grosseur qu'ils viennent d'acquérir et la délicatesse de leur nouvelle peau, il serait bien dangereux de les blesser. Dans tout le cours de ce délitement il ne faut pas manquer de passer constamment la bouteille de chlore autour des tables, de ramasser le fumier dans des corbeilles ou dans des linges, pour être tout de suite placé en un lieu d'où les odeurs ou miasmes ne puissent arriver au local où se trouvent les vers; c'est encore une condition expresse pour une bonne réussite.

D. *Vous dites que les vers à soie, après leur quatrième mue, ont augmenté de grosseur, combien donc de tables exigent alors 31 grammes de vers pour qu'ils soient placés clairs comme vous le recommandez si souvent?*

R. 31 grammes de vers à soie non lavés doivent occuper après la quatrième mue, dix tables de 2 mètres de long sur 1 mètre 50 cent. de large. Tous les deux jours ils doivent être régulièrement délités, et à chaque fois on doit augmenter de deux tables au moins, ce qui ferait au bout des six premiers jours du cinquième âge, seize tables. Ils doivent encore être délités la veille du jour qu'ils monteront à la bruyère, et l'on aura ajouté aussi deux tables, ce qui fera dix-huit.

D. *On doit penser que les soins que vous nous avez indiqués pour les âges précédents doivent être les mêmes pour celui-ci; n'auriez-vous rien à ajouter?*

R. On ne saurait assez recommander de se prémunir contre une trop haute température. Le ver à soie au cinquième âge a plus besoin que jamais de beaucoup d'air puisqu'il est plus gros (trois à quatre jours après cette mue, il a 6 cent. 767 millim. de longueur et une circonférence proportionnée.»

D. *Actuellement que le ver à soie est si gros que l'on doit être à même de l'observer sans loupe dans toutes ses parties, pourriez-vous en faire une légère description?*

R. A cet âge le ver à soie aura acquis une longueur de 6 cent. 767 millim., s'il est d'une de ces variétés ordinaires que nous recherchons, je veux dire ni la très-petite ni la plus grosse. Il a seize pattes au-dessus de chacune desquelles on voit un point noir; ces points sont autant de stigmates ou trachées aériennes; chacune de ces pattes est armée de deux petits crochets ou griffes qui leur servent pour s'accrocher aux objets sur lesquels il veut monter. Outre ces seize pattes il en a encore six très-petites au-dessous de la tête, surmontées de deux autres stigmates plus petits que les premiers, ce qui fait en tout dix-huit stigmates pour exhaler et respirer. A mesure que les vers à soie, avancent dans le cinquième âge, les seize premières pattes paraissent devenir velues. Son museau présente deux fortes mâchoires cornées et dentées qui se meuvent horizontalement; c'est par le travail de ces mâchoires qu'il fait entendre, quand il mange, un bruit semblable à celui de la pluie. Le corps de cet insecte est cylindrique et divisé, dans sa longueur, par douze anneaux membraneux et parallèles entr'eux. Le dernier anneau, à la partie inférieure du corps, est surmonté d'un petit appendice qui le ferait ressembler à une espèce de chaperon. Sorti de la quatrième mue et au moment où il mange beaucoup, le ver est d'un blanc sale très-azuré; c'est sans doute la quantité de feuille qu'il a dans le corps qui donne au coup-d'œil cette couleur azurée, car sa peau est transparente. Bientôt son appétit diminue (le quatrième jour), il mange moins, le blanc mat sale reparaît alors sans azur; il ne perd cette dernière couleur que lorsqu'il s'apprête à faire son cocon, alors il a une couleur dorée.

C'est à cette époque que l'on aperçoit très-distinctement le mouvement précipité de la respiration de cet insecte, sur toute la longueur du corps et principalement dans la partie inférieure. A travers sa peau on voit s'ouvrir et se fermer une capacité vide du sixième de la circonférence: ce mouvement paraît être comme celui d'une pince qu'on ferait mouvoir avec beaucoup de célérité.

Si vous prenez un de ces insectes au moment qu'il va filer son cocon, que vous l'étouffiez dans du vinaigre et que vous l'y laissiez cinq à six heures, en l'ouvrant, vous trouverez dans son corps deux boyaux qui aboutissent à la tête, (c'est sans doute là ce qu'on appelle les réservoirs de la substance soyeuse). Ils sont solides mais pas assez pour qu'ils ne puissent être étendus et alongés jusqu'à la longueur de 48 cent. 726 millim. au moins; ils forment alors ce qu'on appelle vulgairement *le mort-à-pêche*, dont on fait, en certains pays, un grand commerce. C'est effectivement cette substance que le ver à soie a la faculté de filer et de disposer convenablement avec ses petites pattes placées sous la tête, pour fabriquer son cocon.

D. *Vous ne dites pas s'il est possible de distinguer le ver à soie mâle d'avec celui femelle; cette connaissance pourrait être très-utile.*

R. Sur les indications données jusqu'à présent, on a souvent pu se tromper, mais cependant, voici les signes qui paraissent être les plus certains : d'abord le ver mâle paraît plus petit, ensuite il a une barre noire sur le front et quatre croissant en arrière, sur le dos. Les uns et les autres sont moins apparents chez les femelles.

D. *Les vers à soie ont-ils des yeux et voient-ils?*

R. Au cinquième âge, les yeux sont très-apparents, quoiqu'ils n'aient pas de cornée luisante. Ils sont placés au-dessus de leurs mâchoires.

D. *Après tout ce que vous avez dit sur la quatrième mue, indiquez-moi ce qu'il faut faire jusqu'au temps où les insectes ne mangent plus, et paraissent vouloir filer leur cocon.*

R. Il est inutile de recommander de nouveau ce que l'on a déjà dit si souvent sur la propreté, sur les odeurs à anéantir et sur les soins à observer pour aérer. Il suffira d'ajouter que pendant toute la durée du cinquième âge, il faut servir aux vers des repas plus copieux qu'à l'ordinaire, toutes les quatre heures, en commençant à trois heures du matin. On leur donnera un sixième repas très-petit à dix heures du soir, s'ils ont bien mangé le précédent qui a dû être servi à 7 heures. On s'apercevra que le cinquième jour, ils mangent moins et qu'ils diminuent sensiblement de grosseur. Alors il faudra diminuer la quantité de nourriture et non le nombre de repas, car le moment de les presser arrive : c'est pour cela aussi que la température de 18 degrés leur conviendrait beaucoup en cette circonstance, s'il était possible de la leur entretenir encore selon les moyens indiqués. Mais qu'on se rappelle qu'une température plus élevée, donnerait des murcardins si de grands courants d'air n'existaient pas. Je le répète, la température de 12 et 13 degrés ne les tuera jamais, elle ne fera que les retarder, tandis que celle de 20 à 25 degrés pourrait les réduire en muscardins, au cas que l'on n'observât pas ponctuellement les règles données.

D. *Nous supposons que toutes les indications que vous avez données ont été bien suivies ; faites-nous connaître le moment où les vers à soie vont filer leur cocon ?*

R. On aura observé que le cinquième jour du cinquième âge, les vers à soie avaient perdu de leur appétit et même de leur grosseur en circonférence. Hé bien, c'était alors qu'ils commençaient à vider leurs excréments, ils mangeaient peu et seulement par fantaisie. Ils peuvent rester de deux à trois jours dans cette position, mais bientôt on les voit alonger leur tête, courir, prendre une transparence dorée sur leur sommité; c'est alors qu'on dit que le ver à soie est *mûr*.

CHAPITRE X.

PRÉPARATION DES BRUYÈRES, — MANIÈRE DE LES PLACER SUR LES TABLES, — COMMENT ON Y INTRODUIT LES VERS A SOIE, — SOINS QU'ON DOIT AVOIR LORSQU'ILS Y SONT PLACÉS, — OBSERVATIONS DIVERSES, — TEMPÉRATURE A DONNER PENDANT LES TROIS JOURS QU'ILS METTENT A FILER LEURS COCONS.

—

D. *Par l'indication que vous avez donnée à la fin du précédent chapitre, on a pu voir que les vers à soie arrivaient en maturité. De quoi doit-on de suite s'occuper pour compléter leur réussite?*

R. Il faut sur-le-champ préparer la bruyère ou autres bois analogues dont vous voulez vous servir pour les ramer, en placer un paquet à 43 cent. 312 millim. de distance sur toutes les tables les plus élevées que l'on a eu soin de conscver vides à cette fin. Ce sont des broussailles unies en petits fagots très-clairs vulgairement appelés *anes*, disposition qu'on est obligé de leur donner, n'ayant pas des points d'appui au-dessus. On ramasse ensuite (on trie) les vers transparents sur des assiettes ou plats légers, pendant toute la première journée, pour les placer, avec précaution, dans l'intervalle ménagé sur ces mêmes tables. Le lendemain de grand matin les vers paraissent presque tous mûrs. On s'empresse de vider entièrement plusieurs tables dans la même forme de délitement observé, en se servant de rameaux feuillés, et des tablettes, pour les placer ensuite plus épais dans les intervalles indiqués, afin de compenser la place occupée par le ramage. Il ne faut pas oublier d'enlever le litier; par ce moyen vous avez de nouvelles tables libres que vous ramez et sur lesquelles vous placez encore des vers; successivement toutes les autres tables seront garnies et couvertes de vers à soie, à part deux qui restent vides.

D. *Pourqui indiquez-vous de se servir d'assiettes de faïence pour trier les premiers vers mûrs?*

R. C'est parce que le ver à soie, au moment qu'il se prépare à monter sur la bruyère, à les griffes excessivement aiguës et qu'en le plaçant sur du bois ou sur du carton, il s'y attacherait si fortement qu'on courrait le danger d'en casser quelques-unes et alors il ne pourrait plus filer son cocon, tandis qu'il ne peut s'accrocher sur la faïence.

D. *Vous avez indiqué comment on doit ramer les tables les plus élevées; comment doivent l'être celles qui sont au-dessous?*

R. Je crois avoir dit que les tables devaient être disposées en étagères de 44 à 49 centimètres d'intervalle, dans le vide qu'elles forment; ainsi on place la bruyère (ou autres bois) que l'on a égalisée et occupée de manière à ce qu'elle ait la longueur nécessaire pour que les deux extrémités puissent porter assez fortement sur l'étagère supérieure et sur l'inférieure. Par ce moyen elle y est assujettie assez solidement pour que les vers, par leurs mouvements, ne la dérangent pas; on aura soin de la disposer en une lignée de 11 à 14 centimètres d'épaisseur qui traverse toute la largeur de la table, et de la rendre aussi claire que possible, afin que les vers à soie puissent facilement se placer. Les bruyères ainsi disposées sur les tables devront être distantes de 44 centimètres les unes des autres, elles laisseront trois vides de pareille dimension où les vers seront posés. Ces ouvertures sont de rigueur, car si elles étaient moins grandes, l'air n'y circulerait pas suffisamment, et certainement on aurait des muscardins qui resteraient perdues aux bruyères et dans les cocons à peine commencés.

Il faut encore avoir soin, en plaçant la bruyère, de ne pas la laisser arquer en dedans des vides, comme bien de personnes le pratiquent, dans l'intention d'avoir plus d'emplacement et ainsi de surcharger la bruyère de cocons. Cette manière de faire à des inconvénients majeurs.

D. *Veuillez exposer les inconvénients par vous appelés majeurs?*

R. D'abord il est sensible que plus il y aura de vers dans un des vides décrits et que l'on appelle cabanes, plus ils devront dépenser d'air; et l'espace étant trop étroit à raison de leur nombre ils se trouveront en manquer.

Ensuite quand on aura bien observé ce qui se passe chez eux avant de commencer leurs cocons, on s'assurera qu'aucun d'eux ne se met au travail quoiqu'il ait monté sur la bruyère, avant de s'être vidé ou purgé. En effet, aussitôt que le vers à soie est devenu transparent, il grimpe sur la bruyère qu'il trouve à sa portée, puis il y reste cinq, six et quelquefois plus d'heures pour attendre de répandre par l'anus une liqueur jaunâtre et gommeuse. Alors, si la *cabane* est arquée, et que des vers soient placés sur la partie qui fait voûte, de nécessité les vers qui sont au-dessous reçoivent sur le dos cette liqueur; elle peut leur être très-dangereuse en ce que si elle venait à boucher entièrement ou en partie les stigmates de ces derniers, elle obstruerait leurs voies de respiration et par là les mettrait dans le cas de dépérir ou de faire de mauvais cocons.

D. *Vous avez dit, il y a un instant, que l'on doit pendant toute la première journée où l'on a aperçu des vers qu'on appelle* mûrs, *les trier pour les mettre à la bruyère, et ne ramer que le lendemain matin; pourquoi ne pas faire de suite cette dernière opération?*

R. La nuit étant arrivée l'animal reste immobile (ce que j'ai déjà fait observer) ; d'ailleurs il ne le serait pas qu'il ne courrait pas grands riques en restant quelques heures sur son dernier litier, puisque cet insecte ne commence son cocon qu'après s'être vidé, et qu'il reste à peu près six heures pour en venir là, depuis qu'il a acquis de la transparence sur toute la longueur de son corps. Ainsi donc il vaut infiniment mieux qu'il se vide sur le litier où il a mûri, que dans les cabanes où il peut tacher, par la liqueur qu'il répand, beaucoup de vers et donner une odeur très-nuisible.

D. *Vous avez toujours recommandé de tenir les vers à soie très-clairement sur les tables, et pourquoi avez-vous dit naguère de les placer plus épais dans les cabanes?*

R. C'est parce que de toute nécessité il faut remplacer l'espace qu'occupe le ramage (environ 65 centimètres par table) pour ne pas occuper trop d'emplacement, si difficilement obtenu dans nos campagnes. De plus, en observant que les vers à soie placés dans les cabanes sont en grande majorité mûrs, on doit penser qu'en moins de demi-heure ils doivent avoir grimpé sur la bruyère, et qu'il ne reste plus que les retardataires. D'ailleurs ils sont excités naturellement à monter à cause de la gêne où ils se trouvent.

D. *Les vers à soie étant placés dans les cabanes, devez-vous leur donner de la feuille?*

R. On doit continuer à leur servir leurs repas à l'heure ordinaire, mais bien moins copieux puisqu'il ne reste même plus des vers à soie un sixième susceptibles de manger.

D. *Vous avez dit que deux tables vous resteraient, à quel usage les destinez-vous ?*

R. Le lendemain matin du jour où l'on a ramé et placé les vers dans les cabanes, on enlèvera de ces cabanes tous les vers qui n'auront pas monté et on les placera sur les deux tables en question, après les avoir préalablement ramées comme les autres. Ce sont tous des vers qui n'ont pas encore acquis leur maturité et doivent encore manger, ou des vers tachés par cette liqueur dont j'ai parlé. Après quelque temps, ils auront presque tous atteint la bruyère. On ramassera encore le soir, toujours en délitant, les vers qui n'ont pas monté; on les lavera dans de l'eau au moyen d'une large écumoire et on les remettra dans leurs cabanes avec quelques feuilles, et dans peu ils auront tous bien commencé leurs cocons.

D. *N'aperçoit-on pas quelquefois, au bas des ramées, des vers très-raccourcis, traînant leur soie et l'appliquant horizontalement sur les planches; pourquoi ces vers ne font-ils pas de cocons?*

R. On en aperçoit effectivement beaucoup dans les magnaneries où les vers n'ont pas été délités avec soin et délicatesse et auxquels on a pu rompre les pattes ou les griffes, c'est ceux-là qui donnent lieu au cas dont vous parlez; il peut même se trouver des chrysalides naturelles qui n'ont montré aucun brin apparent de soie; mais ceux-ci sont des insectes dont la conformation n'a jamais été complète; il en sort bien un papillon, mais celui-ci ne peut non plus donner lieu à une reproduction. Tous ces vers sont toujours laissés dans les derniers litiers; heureusement ils ne sont jamais nombreux quand une magnanerie a été bien conduite.

D. *Les vers étant tous montés à la bruyère, n'avez-vous plus de soins à leur donner?*

R. Beaucoup encore. Je recommanderai en premier lieu tous ceux indiqués à l'égard de la chaleur à observer; car c'est cette attention-là et surtout celle d'aérer pour laquelle on doit être le plus scrupuleux, à cette époque, si l'on veut obtenir des cocons bien finis et pesants. On doit être bien certain que si par défaut de ces soins il venait à périr avant qu'il eût employé toute sa soie à la formation du cocon, sa métamorphose en chrysalide n'aurait pas lieu; le ver à soie se dessècherait et son cocon serait d'une légèreté extrême. Ensuite, dès que les vers ont monté, il est de toute nécessité de nettoyer exactement et aussitôt l'intérieur des cabanes et d'en enlever le fumier, afin de purger le local de toute odeur pernicieuse; à cette fin encore, on passera quatre à cinq fois par jour et même dans la nuit la bouteille purifiante.

D. *Combien de jours, ces vers à soie qui auront monté, vont-ils rester à filer leurs cocons, et à quelle époque peut-on les enlever des ramées?*

R. On s'est assuré, en ouvrant des cocons, que le quatrième jour ils étaient achevés; mais à cette époque la métamorphose des vers à soie en chysalides n'est pas encore finie; une grande partie du museau et de la dépouille ne sont pas même tombés. Aussi, si l'on détachait le cocon ce jour-là, il n'y a pas de doute que l'on ferait périr un grand nombre de chrysalides et que l'on exposerait les cocons à être tachés par la liqueur qu'ils viendraient à répandre. D'ailleurs il pourrait arriver que tous les vers n'eussent pas fini leur travail; il en est toujours qui se trouvent en retard; c'est pourquoi l'on ne doit *décoconner* avec sécurité que le septième jour de la montée.

D. *Le cocon est-il livré au commerce tel qu'il est enlevé de la ramée?*

R. Non, on a soin de lui enlever cette filoche (bourette) au milieu de laquelle le cocon avait été placé pour être préservé des injures qu'auraient pu lui faire les *artes*, ou certaines mouches qui aiment à y placer leurs œufs.

CHAPITRE XI.

MANIÈRE DE RECONNAITRE SI LES VERS ONT ÉTÉ BIEN CONDUITS. — ÉTAT SATISFAISANT DES COCONS. — LEUR VALEUR D'APRÈS LE NOMBRE QU'EXIGE LE POIDS D'UN KILO.

—

D. *Comment reconnaît-on qu'on a eu une bonne récolte de cocons?*

R. Si en enlevant les cocons de la bruyère on n'en aperçoit pas de tachés, de faibles appelés *chiques* et si l'on en trouve de satinés, on peut déjà penser que les vers à soie étaient robustes et qu'ils ont fait de bons cocons. Une personne un peu habituée peut s'en assurer en en soupesant une certaine quantité dans les mains; si elle les trouve fermes et pesants, s'ils ne font pas le grelot, alors elle en déduit un bon indice. D'ailleurs à la fin du décoconnage, on les pèse, et si 31 grammes de graines non lavées ont donné de 50 à 55 kilog. de cocons, on doit être satisfait. Le moyen le plus sûr encore, est de connaître la quantité de feuilles que l'on a fait consommer aux vers à soie, et si l'on n'a pas dépassé pour la même quantité de cocons, de 8 à 900 kilogrammes, on doit certainement encore se féliciter d'une bonne réussite.

D. *Qu'appelez-vous* chiques; *quel est leur caractère distinctif?*

R. La *chique* n'a été produite que par un ver à soie maladif, à la suite d'une mutilation, comme par exemple celui qui aurait eu ses griffes arrachées, ou qui en tombant d'assez haut, aurait éprouvé une désorganisation. La nature le pousse encore à parvenir à sa perfection, il fait inutilement de puissants efforts pour y arriver; bientôt après avoir commencé sa dernière demeure, il périt; le cocon qu'il a commencé reste faible et taché; d'autres fois encore, si c'était l'air qui eût manqué, ce cocon proviendrait d'un ver qui aurait dégénéré en muscardin. (Note IV).

D. *Qu'appelez-vous* cocons satinés, *pourquoi croyez-vous que ce soit le pronostic d'une bonne récolte?*

R. On appelle *cocons satinés*, ceux qui on l'apparence des étoffes appelées satin, lesquelles ont un tissu qui n'est point grenu, mais dont les fils sont très-étendus. Ces cocons résultent des vers actifs et robustes qui travaillent si vite, qu'ils cherchent peu à rapprocher leurs fils et à les lier les uns avec les autres par le moyen de la gomme qu'ils répandent en même temps que la soie.

D. *Veuillez nous donner l'explication de ce que vous avez dit des cocons qui faisaient le* grelot*?*

R. Si l'on a eu dans les cocons des chrysalides desséchées, par suite de trop grandes chaleurs, lors de la montée; si à cette dernière époque la mouche dont j'ai parlé a déposé des œufs sur le ver à soie; si enfin la maladie de la muscardine s'est aussi manifestée, par suite du litier qu'on aura laissé dans les cabanes, et du défaut d'élément vital; alors les cocons donnent en les secouant, un bruit sec et dur, et n'ont presque plus que le poids de la soie. Souvent cinq cents cocons font à peine 500 gr.; c'est une perte énorme pour le magnanier qui ne fait pas filer; car bien des fois 3 kilog. de cocons font 500 gr. de soie.

D. *Mais dans ce dernier cas, pourquoi le magnanier ne file-t-il pas ses cocons?*

R. C'est que le petit magnanier de nos campagnes n'a généralement guère les moyens de faire filer; il n'a ni tours, ni fourneaux, ni bassines, pour monter le plus petit atelier. Il croit alors mieux faire de se contenter de dix à quinze centimes de plus qu'on lui donne par 500 gr. de cocon. Le filateur a pour lui tout le profit qu'il devrait au moins partager avec le pauvre magnanier, qui a eu les véritables peines, et qui n'a pas mieux réussi faute d'instruction.

D. *Ce que vous venez de dire est vraiment doulou-*

reux, n'y aurait-il pas moyen d'amener le campagnard à connaître la vraie valeur de ses cocons, et à en tirer un meilleur parti? Ne pourrait-on pas y arriver en suscitant une émulation avantageuse?

R. On ne pourrait accuser le filateur de mauvaise foi sur ses achats en général, parce qu'il paie toujours le mauvais cocon autant que le bon; c'est une compensation qu'il fait. Cependant une partie des magnaniers est frustrée aux dépens de l'autre; il paraît qu'il vaudrait bien mieux payer à chacun la vraie valeur des cocons. Cette mesure déterminerait naturellement une émulation qui, elle-même contribuerait puissamment à améliorer l'éducation des vers à soie, en écartant le fléau des maladies.

D. *Comment établissez-vous la valeur au moins approximative des cocons?*

R. Cela paraît assez simple; en prenant pour base deux cent vingt cocons pour 500 grammes; on dira par exemple de la manière suivante : si 4,531 gr. de cocons donnent 500 gr. de soie qui valent vingt-cinq francs, combien valent les 500 gr. de cocons? Alors on saura aussi de la même manière, combien valent ceux de trois cent vingt pour 500 gr. aussi bien que ceux de cent quatre-vingt-dix. Je vais vous offrir à cet égard le tableau que voici au moyen duquel vous pourrez vous éclairer encore davantage sur le calcul proposé.

Tableau de la valeur des cocons moyens en grosseur et sans muscardins, d'après le nombre qu'il en entre dans 500 grammes, la soie supposée à 25 francs les 500 grammes.

Nombre de cocons pour 500 gr.	Poids des cocons pour 500 gr. de soie.		Prix d'un kilogramme de cocons.		Coût de la soie.	
320	8k.	500 gr.	2 fr.	30 c.	19 fr.	55 c.
310	7	750	2	50	19	37
300	7	437	2	62	19	48
290	7	062	2	74	19	34
280	6	781	2	86	19	39
270	6	500	3	»	19	50
260	6	125	3	16	19	35
250	5	719	3	36	19	21
240	5	344	3	66	19	57
230	4	937	4	»	19	74
220	4	531	4	36	19	75
210	4	156	4	79	19	69
200	3	625	5	24	18	99
190	3	562	5	74	20	44

D. *Avez-vous eu des données positives pour établir ce tableau que vous paraissez présenter comme fidèle?*

R. Je puis protester qu'il a été dressé d'après des expériences soignées et souvent répétées, car on a eu la patience d'ouvrir plusieurs livres de cocons de différents poids, c'est-à-dire présentant plusieurs différences dans leur nombre à la livre, et de peser pour confirmer ce fait, les chrysalides d'une part et les cocons vides de l'autre.

D. *N'auriez-vous pas quelque autre remarque à nous communiquer relativement à la formation de ce tableau?*

R. Une remarque bien constatée est que plus le cocon a de la soie, plus la chrysalde a de poids ; en voici l'explication :

Les chrysalides qui ne sont ni muscardines, ni mortes, de trois cent vingt cocons pour 500 gr., pèsent 165 gr. ; il faut 8,500 gr. de ces cocons pour faire 500 gr. de soie. Celles de deux cent vingt cocons pour 500 gr. pèsent 220 gr. Il ne faut que 4,531 gr. de ceux-ci pour 500 gr. de soie, qui est plus belle, plus éclatante et plus forte que la première. Il est aisé de comprendre et je répète que plus le ver à soie était bien portant, plus il a donné de soie et plus sa chrysalide a été grosse et pesante.

CHAPITRE XII.

DU CHOIX A FAIRE DES COCONS, POUR OBTENIR DE NOUVEAUX ŒUFS DE VERS A SOIE ; — DE LA MÉTAMORPHOSE DE LA CHRYSALIDE EN PAPILLON ; — DISPOSITION DES ŒUFS DANS LE CORPS DE LA FEMELLE ; — LES PONTES.

D. *Vous avez dit dans le chapitre X*me *que l'on pouvait distinguer, lors du cinquième âge, les vers à soie mâles d'avec ceux femelles ; peut-on le faire aussi facile-*

ment, dans le moment où ils sont enfermés dans le cocon?

La certitude dans ce deuxième choix est très-douteuse, bien que l'on reconnaisse ordinairement, pour cocon femelle, celui qui est le plus gros et le plus obtus aux extrémités, et pour mâle celui qui est le plus resserré dans le centre et le plus pointu. Mais si la personne qui est chargée de la surveillance d'une magnanerie pouvait se donner la peine de choisir au cinquième âge des vers mâles et des vers femelles, des deux sexes la même quantité et les faire monter et coconner séparément, il y aurait certainement un grand avantage sur plusieurs points de vue.

D. *Veuillez expliquer quels seraient ces avantages, afin que vous ne laissiez rien négliger de ce qui serait utile pour notre bien et nos lumières, dans cette industrie?*

R. Si l'on avait plus de cocons d'un sexe que de l'autre, 1° on aurait des cocons inutiles, car on sait que les cocons percés ne peuvent pas être filés; 2° on aurait manqué la quantité de graines qu'on se proposait d'obtenir et de conserver pour l'année suivante. Il serait dangereux de penser faire servir deux fois les mêmes mâles, si les femelles étaient en plus grand nombre. La raison en est que les œufs qui en résulteraient ne seraient pas bons, parce que les insectes qui les auraient fécondés étaient épuisés : ces œufs ne pourraient produire que des sujets faibles et débiles. Quelle perte pour un magnanier! il vaudrait bien mieux se débarrasser des femelles sans mâles que de leur en fournir d'épuisés. Il résulte donc que les personnes chargées de la conduite d'une magnanerie ne devraient pas craindre de nouveaux embarras, en faisant leur choix parmi les vers et non dans les cocons. De cette dernière manière, ils s'assureraient de la quantité de leurs graines, pour l'année suivante et pourraient compter sur une heureuse réussite. Cent dix vers mâles et cent dix femelles donnent ordinairement 31 grammes de graines, si l'on suit le conseil de choisir les mâles et les femelles parmi les vers et non dans les cocons. Il est très à propos de placer les chapelets que l'on fera de cocons mâles, dans un lieu obscur afin que lorsque le papillon vient à sortir il ne coure pas inconsidérément pour chercher les femelles et qu'il ne se fatigue pas inutilement.

D. *De quelle manière disposez-vous les cocons, en attendant que la chrysalide se métamorphose en papillon et qu'il sorte du cocon?*

R. Quelques magnaniers, surtout quand ils ont beaucoup de cocons à laisser percer, les étendent sur des tables, très-épars; d'autres, comme je viens de le signaler plus haut, en font des chapelets. Ils les font au moyen d'une aiguille et de fil en ne prenant que la superficie dans le milieu du cocon pour ne pas blesser la chrysalide. Ils le composent de cent dix cocons et les accrochent à des clous fixés à une planche scellée dans le mur, de manière que ces chapelets en soient isolés.

La première manière ne paraît pas aussi avantageuse que la seconde, en ce que dans celle-ci le papillon a un point d'appui pour sortir de sa demeure, tandis que dans l'autre, il n'a pas cet avantage. L'application de cet effet est propre au cas dont j'ai déjà parlé dans le IVe Chapitre, relativement à l'éclosion des œufs sur les linges.

D. *Les cocons une fois placés ou d'une manière ou d'une autre, pour attendre la sortie du papillon, quelle température devez-vous leur donner?*

R. On doit, autant que possible, conserver la même température que les vers à soie avaient lorsqu'ils travaillaient à former leur cocon, jusqu'à ce que les papillons en soient sortis et que les œufs aient été pondus.

D. *Sur quelle étoffe allez-vous faire pondre les œufs et quelle disposition tiendrez-vous ensuite?*

R. Une étoffe de serge noire (escot), est celle qui paraît le mieux convenir, les œufs s'y attachent plus facilement, et il est plus aisé de les détacher si on le désire. Cette étoffe est coupée en carrés plus ou moins grands, selon la quantité d'œufs qu'on veut y faire placer. On a pesé préalablement cette étoffe très-scrupuleusement et on a eu soin d'en mettre le résultat au dos sur une étiquette. On y aura aussi inscrit leurs numéros d'ordre, 1, 2, 3, selon qu'ils indiquent la ponte du premier jour, celle du second et celle du troisième. Il est encore nécessaire d'avoir deux autres de ces mêmes étoffes auxquelles on n'a pas besoin d'inscrire ni la désignation de leur poids, ni celle d'aucun numéro, parce qu'elles ne seront destinées qu'à servir d'entrepôt aux papillons. L'une de ces dernières sera placée dans un endroit obscur pour placer les papillons mâles. Ces étoffes seront étendues et disposées en ligne sur la face d'un des murs du local où sont placés les cocons, et, s'il est possible, sur celle qui fait cloison, afin qu'elles soient avantagées pour la température. En plaçant ces étoffes, on forme une espèce de petit troussis ouvert au bas, pour retenir, dans leur chute, soit des œufs qui seraient mal assujettis, soit des papillons qu'entraînerait l'agitation de leurs mouvements.

D. *Quel intervalle vont mettre les chrysalides pour être métamorphosées en papillon? Comment peuvent-ils sortir d'un cocon fort et bien soyeux?*

R. A une température ordinaire de 16 à 18 degrés, la métamorphose a lieu au douzième ou treizième jour, à compter de celui où le cocon a été parachevé, alors le papillon pressé dans le cours de sa vie, surtout par l'influence du local éclairé, à l'abri toutefois des rayons trop directs du soleil, sort de son cocon au moyen de la liqueur et à l'aide de ses pattes, comme je l'ai dit en commençant. Cette sortie a lieu dans la matinée du treizième jour. La majeure partie des papillons sortira ainsi à cette même époque pendant trois jours de suite. Il convient de les surveiller, et de les placer, aussitôt après qu'ils sont sortis, sur les étoffes d'entrepôt savoir : les femelles sur celle qui est au grand jour, et les mâles sur l'autre, mise dans un lieu plus obscur.

D. *Comment connaissez-vous que les papillons sont mâles ou femelles?*

Le papillon femelle est gros, se supportant lourdement, et faisant peu de mouvements; le mâle est petit, dégagé, battant des ailes aussitôt qu'il est sorti du cocon. Il court et cherche une femelle dont on doit l'éloigner tout de suite.

D. *Combien d'œufs peut pondre un papillon femelle, dans quelle position sont-ils placés dans son corps?*

R. En disséquant un papillon femelle au moment où il sort du cocon, on trouve un réservoir, qui tend de la partie inférieure du corps jusqu'aux membranes qui portent les ailes, plein d'une liqueur jaunâtre, dans laquelle nagent deux chapelets d'œufs réunis les uns aux autres par une espèce de gomme. L'un est au-dessous des ailes de l'insecte, l'autre près des parties génitales. Il semble qu'on aperçoit deux petits vaisseaux qui partent de ce lieu pour arriver à chacun des chapelets, dont le plus bas est plus gros que le supérieur. On a compté dans ces chapelets réunis jusqu'à quatre cent cinquante et plus d'œufs.

D. *Par quel motif faut-il séparer les mâles des femelles à la sortie de leur cocon?*

R. Demi-heure et quelquefois une heure après que la femelle est sortie du cocon, elle sécrète une humeur pareille à celle répandue avant la confection de son asile. Cette circonstance la porte instinctivement à se soustraire au mâle, d'où l'on peut penser que la fécondation qui aurait lieu alors serait fâcheuse; ainsi donc, on éloignera pour quelque temps le papillon mâle par le moyen que j'ai indiqué. Vers les neuf heures du matin, tous les papillons étant sortis du cocon depuis près d'une heure, alors on procède à la fécondation en unissant les mâles aux femelles. Si le nombre de l'un des deux sexes excédait, jetez sans regret ceux qui sont de trop; attendre au lendemain les êtres qui manquent pour compléter les couples, est un abus, parce qu'on s'expose à avoir de la très-mauvaise graine.

D. *Quelle conduite devez-vous tenir ensuite?*

R. Après six heures, c'est-à-dire après le temps de l'accouplement sur les étoffes d'entrepôt, vous éloignez les papillons femelles, en les prenant délicatement par les ailes et en arrachant brusquement le mâle que l'on jette. Puis, on place les femelles sur l'étoffe numéro 1, les unes à côté des autres et bien près. Le lendemain, même opération et mêmes soins pour les papillons nouveaux sortis en même temps. Le lendemain aussi, mais de bon matin, on enlève les papillons qui ont pondu sur l'étoffe numéro 1 pour les mettre sur celle numéro 2 dans le même ordre; on obtiendra la graine de deuxième ponte dont la bonté a moins de crédit; le surlendemain on obtiendra la graine de troisième ponte, mais ici on aura des œufs en petite quatité, et auxquels il ne faudrait avoir recours que dans des cas très-urgents. Les papillons qui ne seront pas sortis les premiers jours pondraient ensuite leurs œufs successivement de la même manière sur les étoffes jusqu'au quatrième et cinquième jour.

D. *Vous indiquez trois différentes pontes ; faites-nous connaître la différence qui peut se trouver entr'elles dans le nombre des œufs ?*

R. Comparativement à la seconde, la première ponte a deux tiers et même davantage, de graines de plus. La différence de la seconde avec la troisième est plus grande encore.

D. *Laissez-vous long-temps ces étoffes chargées de graines de vers à soie, dans le lieu où elles ont été pondues ?*

R. Au bout de cinq à six jours que l'opération a été terminée et que les œufs on pris une couleur grise cendrée en quittant celle jaune qu'ils avaient d'abord on doit détacher les étoffes du mur. On pèsera le tout pour connaître le poids de la graine, au moyen de la déduction que l'on fera de la tare de l'étoffe que l'on avait pesée préalablement. On écrit sur l'étiquette le dernier poids obtenu. On met ensuite sur la graine un papier sans colle qui couvre toute l'étoffe, et on plie le tout ensemble ayant grand soin de ne pas exercer de pression. On met cette graine dans un local bien sec, bien aéré et bien frais, ayant soin toutefois de le placer à l'abri du gel.

Il faut encore s'assurer que les rats n'y puissent parvenir; car l'on sent combien il serait douloureux de voir perdre ainsi le fruit de tant de sueurs et de tant de zèle.

UN MOT

SUR L'AMENDEMENT, LE DÉPOUILLEMENT ET LA TAILLE DU MURIER.

D. *Le mûrier est-il originaire de l'Europe?*

R. Il nous vient de l'Orient, et particulièrement de la Chine, long-temps avant l'industrie des vers à soie.

D. *Cette plante (arbre) prospère-t-elle partout également?*

R. Il y a des terrains qui lui conviennent mieux les uns que les autres, mais on peut dire avec vérité qu'il croît partout et que partout il peut donner de grands produits, s'il est cultivé d'une manière convenable.

D. *Donnez quelques-unes des indications les plus essentielles à l'amélioration de cette plante?*

R. Il faudrait bien du temps pour répondre à une question aussi délicate et entrer dans tous les détails qu'elle mérite, puisqu'elle est la base principale de l'industrie qui vient de nous occuper. Nous voyons sur tous les points de l'Europe où l'on cultive le mûrier, quelques-uns de ces arbres séculaires. On les observe placés isolément derrière les maisons, dans les cours, où jamais le sol n'est remué ni travaillé; on s'assure même que, bien que leurs feuilles soient belles, grandes et d'un vert vivace, ils n'ont jamais été greffés. Ces arbres n'ont certainement été placés dans ces localités que pour agrément et pour fournir de l'ombrage quand la saison le demande. Enfin, les voyons-nous grands, gros et touffus, pouvant donner quelquefois jusqu'à 350 à 400 kilogrammes de feuilles, lorsque le besoin exige de les dépouiller.

C'est en tirant conséquence de cette remarque sur ces arbres, que je viens émettre mon opinion relativement à la conduite d'une culture aussi importante à la prolongation de la vie du mûrier.

Je ne crois pas qu'il existe des espèces de mûriers, mais bien des variétés infinies produites par le semis; car semons de la graine produite par le mûrier blanc à larges feuilles bien arrondies, nous obtenons des plans à mûres noires, à petites feuilles dentelées, tout comme de ceux à larges feuilles et à mûres blanches. Semons de la graine produite par le mûrier noir, il en sera de même, nous obtiendrons des plants de diverses variétés. Voyez le mûrier *moretti*? d'où provient-il? d'un semis. Depuis seulement une quinzaine d'années, pouvons-nous voir une plus belle qualité de feuille? Je dirai plus : le mûrier élevé en lieu sec et sablonneux donne un aliment nullement indigeste pour les insectes qui nous occupent. Semez, semez donc, bons campagnards, et laissez les pépinières qui ne sont que l'objet d'un lucre.

La greffe n'est donc réellement usitée, pour la culture du mûrier, qu'en faveur de l'intérêt vénal du pépiniériste et de l'insouciance bien marquée du cultivateur. Que celui-ci fasse lui-même ses semis, qu'il choisisse les plants à belles feuilles pour être placés dans ses champs, et que des autres il en fasse des haies vivaces de préférence à l'aubépine. Les feuilles produite par ces haies lui seront sûrement souvent nécessaires, dans les moments de disette de la feuille, surtout aussitôt après l'éclosion des vers à soie, parce qu'elle sera plus tôt faite que celle des arbres à grand vent.

On doit, dans la plantation de ces nouveaux sujets, avoir soin de ne jamais enfouir dans la terre les racines, plus bas qu'elles l'étaient au lieu d'où on les a arrachées. La nature, en les créant, a désigné cette ligne et l'on serait condamnable de s'en écarter; aussi souvent les plants périssent-ils par suite de cette attention négligée; on doit encore, selon qu'à leur naissance ils étaient placés vers le nord ou le midi, les disposer de la même manière, sur le nouveau terrain où on les transplante. Une des plus grandes fautes encore qui se fait généralement partout, est de retrancher du plan la racine principale (le pivot);

il en résulte que le mûrier ne pousse plus que des racines traçantes à la profondeur de 5 décimètres, que ces racines sont endommagées et même coupées par la culture des champs et que l'on arrête l'accroissement du sujet. Bien plus, le pivot n'existant pas, on est obligé de placer ce plant plus bas qu'il est nécessaire pour l'assujétir en terre. Le pivot conservé donnerait des racines à toute profondeur, qui ne redouteraient plus, ni la bêche, ni la charrue, ni la sécheresse.

Je voudrais encore pouvoir persuader le cultivateur (moi qui veux l'être aussi, un jour), que le greffe posé sur un arbre, n'étant pas de même nature que celui du sujet, et si j'ose me servir d'une expression peut-être mieux sentie, *du même sang*, il en résulte une contrariété dans les éléments et un trouble continuel dans les organes de la plante; il paraîtrait qu'elle doit contenir alors deux sèves étrangères l'une à l'autre; on pourrait dire de là que c'est ce qui cause la mauvaise venue du mûrier et sa prompte décrépitude.

Il est encore d'autres considérations assez puissantes que je pourrais émettre : je vais essayer de les faire passer dans l'imagination des personnes qui veulent bien m'écouter. Les voici :

Le mûrier est peut-être la seule plante qui puisse impunément, tant il est vivace, être dépouillé de sa feuille, au moment même de sa plus grande végétation; tout autre arbre en périrait : jetez les yeux sur un pommier, un poirier dont les chenilles mangent les feuilles, sur un saule, un noyer que les hannetons dévorent, sur un pêcher dont les feuilles sont piquées par des pucerons ou des fourmis, tous ne tarderont pas, après avoir langui, de succomber dans la même année; pourquoi n'en est-il pas ainsi du mûrier? N'a-t-il pas plus besoin de ses feuilles pour tirer de la lumière et de l'air? L'influence et la nourriture qui lui sont nécessaires ne sont-elles pas aussi pour lui des organes indispensables de respiration et d'exhalaison? car l'aliment que lui donne la terre ne lui suffirait pas, s'il n'était vivifié par leurs moyens; nous serions donc au moins amenés à croire que cette dépouille pourrait très-bien ne pas se faire sans risque. Consulez à ce sujet Linnée et Buffon.

Je n'entends pas néanmoins vouloir dire ici, absolument, ne cueillons pas la feuille; alors nous ne pourrions élever des vers à soie, mais je voudrais proposer de ne la cueillir qu'une fois tous les deux ans, alors le mûrier se reposerait, il aurait le temps, dans une année de chômage, de revenir de la faiblesse et de la ruine où l'avait mis la dépouille de ses feuilles, et de reprendre ainsi sa force et sa vie en acquérant toujours un plus haut développement. Que dirai-je encore des personnes qui dépouillent le mûrier en automne, au moment où la feuille donne encore une nourriture indispensable à l'œil placé à l'aisselle du pétiole?

On objectera sans doute qu'en suivant ce procédé,

on sera réduit à élever la moitié moins de vers à soie et à souffrir ainsi la perte de la moitié d'un revenu annuel. Il n'en est pas ainsi, ou du moins on n'éprouvera cette perte que la première année, car il est bien certain et l'expérience en a été faite par des personnes qui savent observer que le mûrier qui a chômé une année donnera le double plus de feuilles l'année suivante, qu'il n'en aurait donné si on l'eût cueilli l'année précédente.

On a encore l'habitude de tailler et même de couronner le mûrier aussitôt après l'avoir dépouillé, sans faire attention que c'est à l'époque où cette plante donne le plus de sève, et que cette liqueur aqueuse ne formant plus la substance des feuilles et ne pouvant plus être vivifiée par leur voie, se trouve en trop grande abondance et de plus devenant acre, corrosive, forme des chancres partout où elle peut trouver passage à fluer, c'est ce qui arrive toujours en taillant le mûrier à l'époque où l'on cueille la feuille. Ce que j'avance ne peut échapper à la vue, pour peu que l'on veuille prêter attention.

Combien les mûriers deviendraient beaux et productifs, si l'on accordait quelque confiance à mes assertions, si le cultivateur voulait bien ne jamais tailler ses mûriers que dans le cours de l'hiver, époque où tout repose dans la nature végétative, les plaies faites à ces arbres avec des outils tranchants auraient le temps de se sécher suffisamment pour que la sève en montant aux premiers beaux jours du printemps, ne pût en découler, et ces arbres ainsi taillés seraient respectés et on se garderait bien de les dépouiller durant tout l'été venant. L'année suivante onverrait à ces arbres des jets de 65 et 98 centimètres couverts de feuilles de toute beauté, et qui fourniraient une nourriture bien plus précieuse aux vers à soie, puisque la facilité avec laquelle on pourrait la cueillir aurait empêché de la mutiler dans les doigts. Pour peu qu'une personne fût active, elle ramasserait par jour 100 kilog. de feuilles, sur des arbres ainsi soignés, tandis qu'on ne peut en ramasser qu'un quintal, sur un mûrier négligé. Cette économie de temps est encore un de ces avantages qu'on ne doit pas perdre de vue.

Il existe un moyen de reproduire le mûrier dont la qualité de feuille a pu intéresser le propriétaire magnanier qui, dans ce cas, se la procure ordinairement au moyen de la greffe. Comme je n'approuve pas cette méthode parce qu'elle donne lieu à une mauvaise venue de mûriers, effet que l'on attribue faussement au sol, mais dont la raison évidente est celle que j'ai démontrée plus haut, le moyen que je proposerai est celui de les obtenir par bouture ; ce moyen est certain et peut procurer toutes les variétés que l'on désire. Le voici :

En automne, prenez sur un des arbres que vous avez laissés chômer, quelques-uns de ces beaux jets, en ayant soin de conserver à leur base un petit tronçon de vieux bois ; plantez ces jets à 4 décimètres 605 millimètres de profondeur dans un lieu où le soleil ne pénètre pas et dont la terre a été *ameublée* à 65 décimètres et bien fumée avec du terreau (vieux fumier) ; arrosez-les en les plantant et en temps de sécheresse. Vous verrez cette même bouture au printemps prochain, donner un beau jet, et en deux ans un sujet à être mis en place. Ces plants ainsi reproduits donneront la même feuille que vous avez convoitée et feront un mûrier aussi beau que celui provenant de semis ; il peut même devenir séculaire comme les précédents en lui donnant les mêmes soins.

Je ne m'arrêterai pas encore sans prévenir les agriculteurs que la maladie la plus dangereuse pour le mûrier est celle que produit le lichen gris ou jaune qui entoure non-seulement le pied, mais encore les branches de cet arbre. Ce lichen est une plante qui se nourrit sur les arbres aux dépens de leurs sucs nourriciers. Il donne encore asile à une infinité d'insectes, également parasytes, qui percent l'écorce de l'arbre, pour y déposer des œufs d'où sortent des larves ; celles-ci percent l'écorce et même l'aubier du mûrier dans tous les sens pour trouver leur nourriture, occasionnent des chancres et font de très-grands ravages. Le moyen certain pour détruire ces parasytes c'est de passer de temps à autre sur l'écorce du mûrier où est le lichen, de la chaux vive que l'on étend avec un pinceau, comme si l'on voulait blanchir un mur.

CONCLUSION.

Je finis, mes jeunes et bien chers concitoyens, je finis cette instruction, du moins c'est ainsi que j'appelle les faibles paroles dans lesquelles je viens de m'entretenir avec vous. Ma conviction est que vous les accueillerez avec autant d'intérêt que j'ai eu moi-même de bonheur à vous les dicter. Toute ma vie, je ne me suis plu qu'au milieu de la jeunesse, et je n'aime rien tant que de récréer sa curiosité, par des leçons simples et bienfaitrices. Pourtant je ne suis pas homme de lettres, je n'ai étudié que là où la science est la plus vive et la plus frappante : je veux dire dans les merveilles et les leçons vivantes de la nature. C'est de là qu'a découlé, pour moi, cet amour pour l'industrie qui m'a occupé avec tant d'ardeur, et que je suis si jaloux de communiquer. Recevez-la donc, jeunes élèves! Vous que n'atteindront jamais plus les superstitions, parce que vous ne marcherez désormais qu'en cherchant les causes et les effets; vous à qui je m'adresse avec la consolation d'être compris et écouté; vous qui me me survivrez pour porter bien plus haut, l'édifice de l'éducation qui nous occupe. Un jour, ce sera là l'unique richesse de nos campagnes, vous êtes nés pour l'assurer, et le siècle vous y porte; car aujourd'hui, son élan est pour la vérité.

Ayez égard aux sentiments que je vous manifeste, pour excuser l'imperfection de notre ouvrage dans l'ordre et le style. Mes idées sont acquises par une longue expérience, mais mon impatience à vous les livrer et à vous en voir en possession, en a fait passer le tumulte dans ma manière d'écrire. Si vous daignez me communiquer quelques nouvelles questions, je serai heureux d'y répondre ; ce sera pour moi l'occasion de rectifier et d'augmenter mon ouvrage et de vous l'offrir dans une nouvelle édition; mais, en attendant, chantez, chantez :

CHANSON POUR LES MAGNANIERS.

Air : de la *Pie voleuse*, ou *C'est l'amour, l'amour, etc.*

A nos vers, filles, garçons !
Bien vite ;
Et que l'on s'agite :
Au succès nous avançons.
Oh ! que nous danserons !

En train : et tous à notre ouvrage,
Travaillons d'âme et de plaisir !
Marthe, sois attentive et sage;
Vous, Jean, bien prompt à nous servir.
De butin et de gloire
Ils nous enrichiront ;
Et de notre victoire
Que d'échos parleront !

A nos vers, filles, garçons, etc.

Immolez les abus qui ruinent
A la nature, à la raison ;
Pour que vos vers bien s'acheminent
Pratiquez en tout leur leçon.
Sois propre et délicate,
Fille, avec eux toujours :
Le seul bien qui les flatte
C'est l'air et le grand jour.
A nos vers, filles, garçons, etc.

Que de choses la Providence
Pour nous rendre heureux fait unir :
Nos vers nous donnent l'abondance,
Près d'eux, nous avons tant de plaisir !
Il semble qu'ils nous aiment :
Comme ils montrent d'ardeur !
Au triomphe ils nous mènent,
Jaloux de notre honneur.
A nos vers, filles, garçons, etc.

Dans son mince réduit, Rivoire
Fait bien aussi d'en élever ;
Il perd, lui, le démon de boire,
Sa femme, celui d'intriguer
Sa maison, en déroute ;
N'a plus même de lit ;
Les vers l'occupent toute.
Si doux est leur produit !
A nos vers, filles, garçons, etc.

Nanette, au loin, la plus adroite
Aura des bouquets le plus beau;
Aussi, l'amant qui la convoite,
Sera-t-il fier dans le hameau!
Au jour du mariage,
Le plus joli des dons,
Est bien de faire hommage
D'un bouquet de cocons.

A nos vers, filles, garçons, etc.

Oui, que nous danserons de joie,
Quand nous aurons eu le succès;
Que Dieu tous les ans nous l'envoie,
Nous serons heureux à l'excès.
L'hiver, dans les soirées,
Nous causerons sans fin,
De ces belles journées
De ce si gai refrain :

A nos vers, filles, garçons!
Bien vite!
Et que l'on s'agite :
Au succès nous arrivons,
Oh! que nous danserons!

Note I.

Le ver à soie est originaire de la Chine, il naît et se développe à l'état libre, dans certaines parties de ce pays, où la chaleur est convenable pour son éclosion et pour l'entretien de sa vie. Ce fait consigné déjà chez tous les naturalistes recommandables antérieurs à nos jours (Buffon, Bommare), vient encore d'être attesté plus récemment en 1837 et 1838 par L. Cousin Despréaux, Louis Ardent et J.-B. Reynaud, etc. etc. Ces savants désignent, entr'autres localités où le ver à soie qu'ils appellent *bombix*, vit à l'état libre et se repeuple sous le même état, les provinces de Canton, Tonquin, et celles du Bengale. La traduction de M. Stanislas Julien, dans laquelle il rapporte les procédés et les coutumes que les Chinois observaient dans un temps immensément éloigné de celui où nous sommes, pour élever auprès d'eux de ces insectes et pour obtenir les produits de leur travail, ne contredit point cette vérité, mais s'associe au contraire très-bien avec elle. On sait, en effet, que le vaste empire de la Chine offre beaucoup d'inégalités et de variations dans son climat, par les expositions si différentes où se trouvent les contrées qui le composent. Beaucoup de ces derniers n'ont point la température favorable à la naissance libre et naturelle des vers à soie, alors on est obligé, là, comme on le fait chez nous, d'user des moyens artificiels pour les élever.

Mais dans les positions mêmes où ils peuvent venir naturellement, on les élève aussi de la même manière, pourtant avec moins de difficultés, puisque l'on n'est pas obligé de leur donner de la chaleur, ni de les soustraire autant aux intempéries de l'air. Les magnaneries ne sont donc plus là, comme chez nous, des maisons, mais simplement comme des espèces de hangars où l'on n'a pour but que de recueillir les insectes afin d'obtenir en masse leurs produits; la seule principale occupation est de leur donner la nourriture; on sent qu'il serait fatigant de courir par les champs, çà et là, pour chercher les cocons sur les arbres et en faire la récolte nécessaire. Bien plus, l'auteur qui nous retrace ainsi les soins des Chinois, confirmerait par lui-même l'assertion évidente que je rappelle ; car outre les plans qu'il donne, d'après lesquels les asiles de l'éducation se montrent exposés en plein air, il rapporte qu'au premier jour où l'on pensa, en Chine, à tirer parti de ces insectes, l'an 2602 avant J.-C., l'épouse de l'empereur alla au milieu des champs et en recueillit une certaine quantité qui erraient çà et là comme à l'état sauvage; donc, jusques là ils avaient vécu librement et s'étaient reproduits sans cesse pendant des milliers d'années, et s'il est tout rationnel de croire à la possibilité qu'il en soit encore de même dans les endroits où les conditions nécessaires n'ont pas changé, il l'est encore davantage de prendre pour certain ce qu'attestent des auteurs dignes de foi quand ils signalent l'existence actuelle de ces mêmes faits. Si ce n'était qu'entre les mains des hommes que la vie de ces animaux pût avoir lieu, certainement ils n'existeraient pas; car il s'est passé bien des siècles avant que les hommes portés, soit par la civilisation, soit par le besoin, songeassent à les entretenir et à les conserver. Donc, il résulterait que M. Stanislas n'est point en contradiction avec la croyance établie; d'ailleurs, on ne peut guère envisager dans son livre qu'une traduction intéressante des notions d'un peuple étranger, lors d'une époque très-reculée, n'ayant rien d'utile pour l'éducation des vers à soie, puisque celle qu'il décrit et qui s'exerçait depuis l'année précitée jusqu'à l'an 978 après J.-C., est comme une industrie à l'état d'enfance, et qu'ensuite il présente les passages d'une foule d'auteurs chinois dont les idées des uns avec celles des autres sont toutes dans une obscure dissidence. Au reste, n'élevons-nous pas nous-mêmes avec plein succès des vers en plein air sur des mûriers? Ont-ils d'autres ennemis que les oiseaux, la fourmi et la mouche, puisqu'aucune maladie ne les y atteint?

Note II.

Je lis dans le *Courrier de la Drôme et de l'Ardèche* du 26 septembre 1839, n° 117, que M. Bérard, professeur de chimie à Montpellier, a trouvé un procédé pour écarter le fléau de la muscardine dans l'éducation des vers à soie. Ce procédé, qu'à mon grand étonnement, on dit fort accueilli et autorisé par de nombreux succès, consiste à induire les appartements et les ustensiles qui servent à cette éducation, d'une dissolution de sulfate de cuivre et de plus, à laver la graine des vers à soie avec la même substance. Je prétends et je viens avancer, aussi brièvement que possible, dans l'intérêt des cultivateurs si faciles à s'abuser, que cette méthode n'offre rien d'avantageux quant au premier rapport; 2° qu'elle est fautive relativement au lavage de la graine des vers à soie, 3° qu'elle est funeste par la fausse théorie qu'elle fait envisager dans la maladie dont il s'agit.

J'établis ainsi mon assertion en commençant par ce dernier point.

Le procédé du chimiste de Montpellier ferait croire que, si en appliquant sur l'œuf du ver à soie, et sur tout ce qui peut ensuite entourer celui-ci, du sulfate de cuivre, on parvient à détruire les graines ou germes de champignons, alors cette maladie ne peut plus se manifester; il donnerait ainsi pour certain que, si ce germe n'est pas détruit, il doit inévitablement se développer chez l'animal que l'on suppose le contenir, à un temps donné et malgré les meilleurs soins; et que de plus, en affectant les autres vers voisins pleins de santé, il doit étendre en un instant, comme une contagion, le fléau d'une maladie générale. Mais l'erreur est grande; car, à supposer que toutes les précautions prises eussent pu anéantir ces graines de champignons, ceux-ci n'en pourraient pas moins se manifester dans le cours de l'éducation; et d'un autre côté si une grande quantité de vers viennent à succomber à la fois, ce n'est point parce que la maladie a été contagieuse, mais c'est parce que la condition qui amenait la mort agissait sur tous en même temps.

En effet, les vers ne portent point en eux, dans ce sens, les germes de champignons; ils n'ont pour ainsi dire que la susceptibilité à les produire lorsque l'occasion le détermine, c'est-à-dire qu'ils sont comme une foule de ces substances végétales ou animales que l'on voit se couvrir d'une moisissure en certaines circonstances.

Ainsi, on remarquera qu'un raisin se moisit à la suite d'une température trop humide ou parce que ses graines trop enfouies n'ont pu être assez vivifiées par l'air et la lumière; pourtant la cause qui la fait dépérir n'est pas absolument celle de sa moisissure; car il pouvait bien dessécher ou prendre un autre état quelconque; mais c'est que, cette même cause, après avoir agi, a été suivie d'une condition atmosphérique particulière qui a fait nécessairement moisir le végétal. Il en est de même du ver à soie : la cause qui le fait périr n'est point celle qui le fait couvrir de moisissure ; car si après avoir succombé, il n'est pas tombé en pourriture comme le *passis*, ou s'il n'a pas pris cet aspect morbide propre au gras, c'est qu'il s'est trouvé par l'état qui régnait alors dans l'air de la chambrée, disposé et porté à moisir. Il n'est aucune maladie fixe, après laquelle la muscardine puisse se manifester plutôt qu'après une autre. Tout ver mutilé ou victime de quelque accident que ce soit, pourrait, après sa mort, se moisir et devenir champignon, si la condition nécessaire environnante existait pour développer sur lui cette production dont il recèle les germes; germes que j'ai cru devoir désigner en donnant le nom de susceptibilité, parce qu'ils ne sont pas essentiels et qu'ils n'ont lieu que par l'effet rapide de la décomposion du tissu épidermique de l'insecte. Le ver à soie meurt, ou parce que son éclosion a été mal conduite ou parce que sa première nourriture a été mauvaise ou enfin parce que dans l'instant auquel il succombe, les principes de vivification lui manquent. Mais il n'est peut-être pas rationnel de croire que c'est le germe de la muscardine qui, en se développant dans le sein de l'animal plein de santé, étouffe son principe de vie et le fait tomber raide mort. Ce n'est qu'après cet instant qu'il se couvre d'une poussière blanche; et si on ouvre le ver avant que ce phénomène se montre, on ne verra dans son intérieur qu'un corps rougeâtre et crystalisé, dont l'état ne montre aucune dépendance avec ce qui vient de naître sur son épiderme. On voit dans les champs, de temps à autre, des chenilles couvertes de moisi, est-ce aussi le même germe de muscardine, qui, en se développant en elles, les a fait périr? Oh! non, sans doute; c'est qu'après leur mort elles se sont trouvées exposées à l'influence aérienne qui était propre à les faire moisir. N'a-t-on point tort encore de s'imaginer que dans le cas où l'on voit à la fois tant de vers envahis par le même fléau, cela a lieu, parce que la poussière ou semence se répand des premiers atteints; ou même des portions de litier blanchies, sur les vers encore pleins de santé et de vie? Cela est impossible; car on ne voit nulle part ce désordre dans la nature; la poussière qui s'échappe des étamines ne peut jamais se porter et donner lieu à la fécondation sur les substances où elle ne trouverait pas des organes femelles nécessaires. L'épiderme d'un ver à soie plein de vitalité s'oppose nécessairement à ce que cette poussière puisse s'implanter et féconder en lui. Cette même poussière ou vapeur, si elle excite, ne peut voler que d'un ver moisi sur un autre déjà moisi, pour pouvoir donner lieu à un champignon. C'est ainsi qu'il se développe dans les magnaneries qui en deviennent infectées.

S'il en était autrement, il n'y aurait pas de raison, lorsqu'il n'y a qu'un très-petit nombre de vers atteints de la muscardine ou qu'il se trouve du litier moisi, pour que la généralité des vers ne soit aussi en proie à la même maladie; en effet, puisque selon la croyance, la poussière séminale peut féconder sur les êtres vivants; celle qui se dégage nécessairement de ces corps affectés devrait, en se répandant, attaquer et faire périr la plupart des autres insectes. Or, il n'est pas de magnaneries où il ne se trouve toujours quelques vers en muscardine ou du litier moisi; mais comme la condition créatrice n'a pas été générale, c'est-à-dire que, malgré l'effet local qui a eu lieu dans le litier, l'air et les autres dispositions dans la chambrée ayant été, le premier, sain, et les autres bien appropriées, la mortalité ne s'est point manifestée.

Enfin, il y aurait trop d'observations à donner si l'on réunissait toutes celles qui sont à l'appui de la vérité que ma réfutation vient établir, c'est-à-dire, que les vers à soie ne peuvent point renfermer ou apporter en naissant, des germes de muscardines tels qu'ils puissent éclore en leur corps plein de santé, et les faire périr; que d'un autre côté, ces mêmes germes existant sous forme de moisissure dans les vers qui sont infectés, sont dans l'impossibilité de s'ingérer et se développer par contagion sur ceux qui sont encore sains et vivaces. Je rappellerai une seule de ces observations, celle qui s'est répétée le plus souvent : des vers à soie issus des mêmes graines qui avaient donné naissance à d'autres vers, mais dont l'éclosion et les premiers soins avaient eu lieu à part et entre les mains de personnes différentes, étant réunis avec les autres vers, à une époque plus avancée de l'éducation, n'ont pas eu un seul d'entr'eux atteint du fléau qui ravagea en un instant ces derniers. La raison toute naturelle en est qu'ayant reçu une favorable éclosion, une bonne nourriture et une conduite jusque-là heureusement appropriée, ils n'ont point dû succomber quand tous les autres sur lesquels ces mêmes choses auraient été mal entendues, en sont morts victimes, arrivés à un point donné de leur accroissement.

Donc, il résulterait à mon gré, que lorsque le ver à soie devient muscardin, il est mort avant ce phénomène d'une maladie toute particulière, et que la cause de ce même phénomène n'est point celle de sa mort. Pourtant, je ne dis pas que ces deux causes ne puissent avoir lieu en même temps et n'aient même peut-être des relations entre elles; cela peut être, c'est-à-dire que l'air de la chambrée suscitant par une pernicieuse qualité, l'influence qui fait périr les insectes, peut justement être celui dont la condition soit propre à faire naitre la moisissure.

Mais toujours celle-ci est-elle subséquente, et jamais le poison qui en surgit peut aller infecter les vers qui n'ont pas déjà succombé antérieurement. Pour moi, je rapporterai cette maladie primitive, ainsi mal désignée sous le nom de muscardine, à une des trois espèces de maladies que je considère dans les vers à soie, et auxquelles j'applique en quelque sorte des symptômes particuliers. Je reconnaîtrai la la première sous le nom de *passis* dans le ver, qui, après avoir reçu une forte mutilation, tombe presque subitement en pourriture.

La seconde serait celle des gras, maladie longue, pouvant se manifester à tout âge et provenant à ce qu'il paraît d'une altération plus légère; l'insecte se montre alors boursoufflé, il court et s'agite beaucoup en répandant après lui, par la plaie de son épiderme, une liqueur qui tache ce qui l'entoure, et qui peut affecter pernicieusement les autres vers. J'appellerai la troisième espèce, celle qui nous occupe, *crystalline*, parce qu'en effet, le ver en tombant mort est rosé, chrystallin dans son intérieur, et quand la moisissure l'a couvert, il est devenu cassant comme le verre. On n'a jamais remarqué sur cette prétendue muscardine, le cours ni les symptômes d'une maladie primitive, c'est-à-dire qu'on n'en n'a jamais reconnu de bien apparents, car je crois qu'ils peuvent se déceler à l'œil attentif.

Et de fait, d'après ce qu'il m'a semblé voir moi-même, l'insecte, quelque temps avant de succomber, mange avec beaucoup plus de voracité sa nourriture, puis il se vide complètement, sa vie est comme précipitée et il semble que son état de larve va finir d'une manière prématurée, mais pourtant toute naturelle.

Enfin, à l'instant où il va devenir inanimé, il est rosé, exempt de tout excrément et prêt à prendre la forme chrystalline qui caractérise sa mort. On connaît à peu près la cause des deux autres maladies citées, mais ici, elle est parfaitement inconnue; provient-elle d'une nourriture qui ne serait pas saine ou des aliments de respiration qui se trouveraient corrompus? l'on n'en sait rien; peut-être agissent-elles à la fois toutes deux, ou conjointement encore avec d'autres inconnues pour produire cette cause donnant ainsi lieu, par leur liaison secrète, à des difficultés et des mystères pour long-temps impénétrables. Ce qu'il y a de certain et dont on peut aisément s'assurer, c'est que si l'on enlève ces vers au moment où ils meurent, pour les transporter au-dehors, ils ne se couvriront point de moisissure, et que si par exemple ils sont exposés au soleil, on les verra devenir *passis*. D'où il suit que c'est bien en leur enlevant la condition qui y est propre, qu'ils ne moisissent plus; aussi voit-on sans cesse que dans les magnaneries où les champignons viennent à se montrer et à se répandre tout-à-coup, si l'on ouvre de suite les portes et les fenêtres pour inonder d'air l'appartement, par toutes les issues possibles, le désespérant phénomène de moisissure s'évanouit de toute part.

Ce qui attesterait de plus, que ces champignons sont l'effet d'un air corrompu, c'est qu'ils sont formés à peu près des mêmes éléments que les miasmes ou autres productions d'un air de cette qualité. Selon M. Brugnatelli, célèbre professeur de chimie, à Pavie, qui nie la muscardine (1836), le champignon du ver à soie est composé de phosphate-ammoniaque-magnésien. Mais le plus souvent il arrive qu'en même temps de la disparition de ces moisissures, la mort qui les précède s'arrête aussi et ne se renouvelle plus : ce qui, au premier abord, porterait à croire que c'est l'air renouvelé qui, en arrêtant le développement des champignons, anéantit par le même effet, la cause de mortalité. Pourtant, je crois que ce n'est pas absolument tout là, car on ne fait peut-être pas attention, que pour rendre l'introduction de l'air plus entière et plus sensible, on abat les feux et qu'en même temps l'on oublie de presser la nourriture autant qu'on le faisait; il en résulte qu'à l'insu des personnes d'office, certaines conditions nouvelles et inconnues surviennent, sans lesquelles la moisissure ne s'en arrêterait pas moins; mais qui sont nécessaires pour suspendre la maladie cachée qui, à elle seule, fait vraiment succomber les vers. Toujours est-il que l'on ne connaît pas précisément la cause de cette dernière et que l'on en ignore par conséquent le vrai moyen curatif; pour moi, j'inclinerais à penser qu'il est peu sûr de le chercher dans les spécifiques prônés, mais qu'on doit le trouver infailliblement, dès qu'on aura la prudence d'employer des soins scrupuleux et qui soient dans le sens de la conduite que nous montre la nature. En effet, il est facile d'observer que les ravages du fléau qui nous occupe ont toujours lieu dans les magnaneries où l'on abuse des préceptes d'une routine obscure, et qui sont très-rares ou très-légers chez les cultivateurs qui, négligeant les moyens artificiels, tels que la chaleur et autres, etc., recherchent avant tout un air pur et une nourriture bien saine. Je ne m'arrêterai point ici sans prévenir les esprits contre une expérience que l'on a tentée et qui combattrait mon opinion Cette expérience, dans laquelle on perce un ver à soie en santé, d'une aiguille où l'on a fait retenir de la poussière qui donne lieu au champignon, ne prouve point du tout la contagion, quoiqu'on réussisse à faire périr l'animal sur qui on tend à l'inoculer. On doit sentir aisément qu'avec la grande délicatesse qui le caractérise, la seule altération que produit sur lui l'aiguille suffit pour le faire mourir. Je dirai même, le fait périr plutôt du *tétanos* que de la muscardine.

En second lieu, j'ai avancé que le procédé en question n'offre rien d'avantageux, comme simple moyen d'assainissement; je l'explique en deux mots : le sulfate de cuivre, sans être plus efficace que d'autres substances que l'on emploie au même but, est bien plus coûteux; donc il est moins convenable, car on ne doit pas perdre de vue que la modicité des dépenses est une grande chose qu'il faut respecter dans la culture des vers à soie, puisque celle-ci doit être principalement le domaine des modestes gens de la campagne.

Ensuite il est moins préférable que le chlore, par exemple, si communément employé, qui, en même temps qu'il recompose l'air, purifie et assainit tous les objets environnants dans la chambrée. Bien plus, cette substance qui peut convenir en s'en servant pour induire les murailles, paraît être pernicieuse dans son application aux ustensiles. En effet, lorsqu'on vient à se servir de ceux qui sont destinés à couper la feuille, l'acide qui contient celle-ci ne pourrait-il pas, en agissant sur le sulfate de cuivre, donner lieu à un acétate de cuivre et former ainsi ce poison que l'on connaît sous le nom de vert-de-gris, dont l'effet serait sans doute bien funeste aux insectes ?

D'ailleurs, les magnaneries ainsi induites sont bien loin sans doute d'être saines pour les personnes d'office. Par suite du dessèchement, les molécules de sulfate, en se répendant et en se tenant suspendues dans l'air, doivent leur porter atteinte, On sait en effet que ce composé est très-pernicieux, soit par sa nature propre, soit par les combinaisons plus vénéneuses encore qu'il peut subir lors de son ingestion dans le canal alimentaire; et que ceux qui se trouvent exposés à son influence, pendant un assez long intervalle de temps, sont sujets à devenir sérieusement malades. De plus, ce qui est bien redoutable sans doute, ces mêmes personnes, en appliquant leurs mains à tout instant sur les tables et autres objets qui sont empreints de ce corps vénéneux, doivent en détacher et retenir des particules, et quand elles vont ensuite manier et distribuer la feuille, quelle infection plus grande et quelle qualité plus meurtrière, cette même feuille peut-elle acquérir ?

On ne finirait pas si l'on retraçait tous les inconvénients, tous les périls qui se rattachent à l'emploi de cette substance qui, aux yeux de la nature, doit être une monstruosité, tellement elle est en opposition avec ce qu'elle exige pour l'accomplissement de ses œuvres. Une autre considération n'est-elle pas assez puissante encore : les substances dont on ne connaît ni la manière d'agir, ni l'essence propre, sont bien dangereuses, parce qu'en en imposant par leurs prétendues vertus secrètes, elles abusent toujours le plus grand nombre : dès que l'on en a fait usage on se croit en sûreté et on néglige l'observation des soins essentiels; c'est presque toujours là la source des fâcheux résultats. Ne trouverait-on pas inconséquent celui qui pour prévenir, dans un endroit quelconque, la fermentation des principes corrompus auxquels pourrait donner naissance une mauvaise émanation locale, induirait les murs d'une substance chimique et tiendrait fermé au lieu d'amener une puissante circulation d'air pour purger réellement le local de son infection? Pourtant, voilà ce qui arrive dans le cas dont je veux parler; on veut renchérir sur les précautions, on néglige les plus naturelles et par conséquent les seules vraies, pour en prendre de subtiles qui le plus souvent sont désastreuses.

En troisième lieu, j'ai dit que cette méthode était fautive quant au lavage des œufs des vers à soie ; voici comment : outre certaines conditions essentielles, sans doute, quoiqu'elles ne nous soient pas toutes sensibles, que le lavage enlève aux graines le sulfate de cuivre; par son astringence, n'est-il pas surtout pernicieux aux embryons qu'elles recèlent? La coque de cet œuf, de substance cornée, doit, par l'effet de ce soluté, se crisper et subir diverses altérations dont l'insecte se ressentira inévitablement dans la suite. Est-ce au prix d'une atteinte portée aux premiers pas de son existence, qu'il faut acheter la triste garantie de se soustraire à un fléau dont le remède est bien loin d'être là ? Que penserait-on de ceux qui se frotteraient et imbiberaient préalablement leurs os d'une substance héroïque quelconque, pour prévenir bien long-temps après et empêcher de se manifester, le mal qu'ils viendraient à recevoir ? Mais il y a plus que cela pour condamner cette méthode; il est dit, dans l'écrit qui la présente, qu'après avoir brassé dans la bouteille le soluté où se trouve les graines, il est convenable, avant que l'on répande celle-ci sur le filtre, de verser en dehors le liquide de la bouteille où surnageaient à part, les sparules ou graines de champignons. Donc l'on craint encore alors qu'en jetant l'eau sur le filtre avec les œufs, les sparules ne se rattachent à ceux-ci; donc, par conséquent l'emploi du sulfate n'anéantirait point ces mêmes sparules ; il s'ensuivrait ainsi tout naturellement que cette substance ne ferait pas plus d'effet que tant d'autres, si communément employées, mais pourtant moins dangereuses; toutes en effet, tels que le vin, le vinaigre, tendent aussi bien que celles-ci, à isoler des œufs de vers à soie, les prétendus germes de champignons.

Je finis; et en résumé, je dirai qu'il est bien frappant de voir qu'au lieu de simplifier l'éducation si précieuse des vers à soie, on l'entrave toujours plus par des documents vains et ennemis de la nature; qu'ainsi au lieu de l'assurer, on la rend toujours plus dangereuse; et qu'enfin l'on semble en bannir les personnes de la campagne, pour qui cette éducation est la seule richesse et le seul bien-être sous tant de rapports. Le prétexte en serait qu'elles ne sont plus à la hauteur des pratiques et des entendements que requiert la nouvelle et prétendue réforme sur cet objet. Puis, dit-on sans doute, l'amélioration et l'utilité doivent faire négliger des considérations telles que celles d'un genre de personnes qui ne peuvent plus s'occuper d'une industrie parce que son procédé est devenu coûteux et d'une trop haute portée. Mais, quant à moi, je suis bien persuadé que la chambre propre d'un magnanier de village peut montrer, à la fin d'une récolte, d'aussi beaux cocons que ceux obtenus dans un atelier somptueux aux substances inépuisables et aux ustensiles miraculeux. Jamais, l'art avec tous ses artifices ne pourra donner plus de perfectionnement aux œuvres de la nature; ces œuvres, quand elles sont consommées dans toute leur liberté et simplicité, sont elles-mêmes la dernière perfection.

Les seuls moyens artificiels qu'exigeraient, pour ainsi dire, essentiellement les vers à soie, sont la chaleur pour leur éclosion, parce qu'alors on est obligé de faire naître la température factice, sous laquelle ils éclosent tout naturellement dans les pays dont ils sont originaires. Passé cet instant, ils peuvent, à peu de choses près, se former et s'habituer au climat dans lequel ils se trouvent. Dès lors, les magnaneries ne tendent plus qu'à être des abris pour qu'ils ne puissent plus s'égarer et qu'ils soient soustraits aux intempéries de l'atmosphère et à la voracité des animaux qui les convoitent, ils doivent représenter l'air libre des champs et fournir autant que possible une nourriture aussi saine que celle que recueillent dans cet élément, les autres insectes qui l'habitent.

Après tout cela, je croirai toujours me récrier avec droit contre ceux qui font tort au vrai avancement de cette culture et au bienfait que possèdent en elles nos simples gens de la campagne, par leurs préceptes embarrassés, par leurs instruments emphatiques qu'ils feraient bien de ne donner que comme objets de luxe et de spéculation; mais qu'ils font mal de recommander comme indispensables. Assurément il est pénible de voir même nos savants aller jusqu'à s'imaginer, du fond de leur cabinet où ils sont exposés par cet isolement, à créer des méthodes réprouvées, que cette industrie ne devait plus s'exercer parmi les habitants de la campagne. (Voy. le *Journal des Savants* (août 1837), article de M. Biot, physicien à Paris.

Je ne puis m'empêcher de fournir à la suite de cette note, ce que vient de me dire, par sa lettre du 23 décembre 1839, un de mes amis qui habite Turin et avec qui j'eus au mois d'octobre dernier, ici, à la Roche-de-Glun, de longues dissertations au sujet de la muscardine.

« Je crois vous faire plaisir en vous transmettant » deux mots sur quelques notions que j'ai eu occasion » d'apprendre ici, relativement aux vers à soie.

» Les moisissures qui se présentent sur une foule » de corps, ont été reconnues pour être de véritables » végétaux, d'après leur conformation et leurs dispo- » sitions, ainsi que d'après les influences sous les- » quelles elles se développent; en cette qualité, elles » ont reçu le nom propre de *mucédinées*. Ces mucédi- » nées surviennent dans les matières organiques, soit

» que celles-ci, à l'état d'association, forment l'individu, soit qu'elles soient désunies et éparses; mais le principe qui en suscite la cause, ne vient point d'ailleurs et n'est point produit par une pluie de graines, comme on le supposait; il réside tout entier dans l'essence même de la matière où il se développe; voici comment : Il existe dans les corps organiques, ce qu'on peut reconnaître au moyen d'un microscope, une foule de *globulins* particuliers et plus ou moins libres; c'est de ces points que part la végétation des mucédinées lorsqu'elle doit se manifester. On a observé que ces globulins se développaient au moyen de l'humidité et des autres causes qui suscitent l'apparition de certains végétaux, et que d'un autre côté ce développement était empêché par l'application des huiles, des acides et autres substances qui interceptent l'air ou produisent un raccornissement; c'est-à-dire que dans ce cas, le globulin avorte, comme avorterait et comme doit avorter tout autre embryon à qui on applique ces mêmes substances. Le tissu lardué des vers à soie présente surtout ces globulins qui y sont assez indépendants; raison pour laquelle ils ont grande tendance à se développer, les mucédinées auxquelles ils donnent alors lieu, ont reçu le nom, dans cette cette espèce d'insectes, de *bobrylis bossiana*. Les bobrylis bossiana peuvent se manifester dans le ver à soie ou autres insectes, lorsqu'il est mort et qu'il va à l'état de désociation, ou bien lorsqu'il est encore vivant. Dans le premier cas, c'est visiblement les globulins désignés qui donnent lieu aux

» mucédinées ; elles peuvent même végéter dans les » globulins du centre, et dans l'intime substance du » corps organique. C'est ainsi qu'on les a vues bien » déterminées dans l'intérieur d'un œuf de limaçon, » sur le fœtus à travers la coque ; c'est ainsi qu'on les » trouve aussi souvent dans le sein des noix de cocos, » après qu'on en a cassé l'enveloppe. Dans le second » cas, on voit les mucédinées apparaître sur les par- » ties extérieures et les plus éloignées du centre vital, » en de petits points particuliers qu'on appelle *semi-* » *nules radicaux* ; c'est ce qui arrive quand l'animal est » atteint de quelque maladie dont la cause est in- » connue, mais dont la mucédinée n'est absolument » qu'une conséquence (c'est ainsi que l'on a vu une » grenouille, couverte de cette moisissure, vivre et » nager encore long-temps). Donc il résulte comme » je me rappelle que vous le faisiez observer, que le » contact des mucédinées n'est point capable de com- » muniquer cette végétation à un insecte bien por- » tant ; elle ne peut se manifester en lui que lorsque » son existence, venant à dépérir, il n'a plus la force » de contrebalancer l'effort constant de la nature qui » tend à développer le germe des parasites dont il est » rempli. (A ce sujet j'ai eu aussi occasion de voir » ce que vous disiez, que notre corps peut être cou- » vert spontanément de poux, ce qui ferait croire que » nous en recélons les germes) ; il résulte enfin tout » ce dont vous protestiez sur l'absurdité de tant de » mesures hasardées, et sur les vrais moyens à prendre » pour éviter cette végétation.

A. C.,

Elève en médecine à l'hôpital St-Jean, à Turin.

Note III.

Une remarque plus surprenante et plus propre à montrer combien peu le froid s'oppose à la marche des vers à soie, c'est celle-ci : Des graines mises dans un panier, en même temps que d'autres placées dans leur local approprié, y ont éclos sans avoir rien souffert de la température de l'air, à laquelle ils étaient exposés. Seulement leur éclosion eut lieu six ou huit jour plus tard, mais ils eurent monté aussi vite que les autres, car ceux qui avaient été si amplement développés par la chaleur, furent de suite arrêtés par le froid qui survint, tandis que ceux dont je parle, par suite de la disposition à laquelle ils s'étaient formés, n'en furent point surpris, ni arrêtés. Ils continuèrent à bien manger et arrivèrent à une réussite aussi satisfaisante que celle des autres.

Note IV.

M. Muret a présenté tout récemment à la Société d'agriculture de Valence, un rapport pour attester l'efficacité du sulfate de cuivre. Mais, en examinant l'expérience qui en est l'objet, on peut voir aisément qu'elle n'est point du tout une preuve rationnelle et réelle en faveur de cette substance. On a pris une caisse, on y a introduit quatre muscardins en efflorescence, conservés de l'année précédente, après les y avoir assez agités, on a induit soigneusement l'intérieur de cette caisse avec du sulfate de cuivre; quand l'éducation a été entièrement terminée, la moitié à peu près des vers avait péri, néanmoins aucun d'eux ne s'était montré en dragée. Mais je ferai observer que la poussière ou semence, après avoir été secouée, s'était répandue et apposée sur les parois et sur le fond de la caisse; ce n'est qu'après cette circonstance qu'on a passé sur ceux-ci le soluté en question, il a dû en résulter, qu'en appliquant ainsi cette couche sur le blanc déposé, celui-ci a été arrêté et détenu, comme il l'aurait été sous toute autre couche de liquide. Il n'en est point ainsi dans les magnaneries, ce n'est que long-temps après qu'on a induit les murailles, que ces semences peuvent venir à s'exhaler; et si la cause qui fait surgir les moisissures, qui ne peut être qu'un air corrompu où la fermentation du litier vient à se développer, ce n'est point l'entourrage de cet induit qui pourra s'opposer à ce que ces effets aient leur cours. Donc, c'est parce que l'injection de la poussière, dans la caisse, n'a été qu'instantanée, et qu'elle n'a point eu lieu ensuite de se reproduire et de se maintenir, qu'il n'y est point survenu de moisissure; elle n'a point eu lieu en effet de se manifester pendant tout le cours de l'opération, puisque sans doute dans une si petite localité, l'air ne pouvait guère y être corrompu ou trop humide, et que le litier se trouvant en si petite quantité, ne pouvait pas entrer en fermentation.

Dans une seconde caisse où l'on a aussi mis des

dragées, et que l'on n'avait point passé du tout au sulfate de cuivre, il s'y était trouvé aussi, quand tout a été fini, un bon nombre de vers morts, et parmi ceux-ci, une certaine quantité de muscardins. Il faut remarquer ici, que les vers précédents avec ceux-ci, avaient été pris parmi les mêmes élevés, lorsqu'ils s'endormaient de la troisième mue. Il paraît donc, d'après ce qui arriva dans la première caisse, qu'ils avaient été bien mal soignés jusque là, ou qu'enfin ils avaient sujet d'être bien malades. Or, il n'y avait pas de raison pour que la mortalité n'eût pas lieu de même dans la seconde caisse; quant aux muscardins, il n'est pas étonnant qu'il s'en soit trouvé, puisque les vers morts étant naturellement en contact avec les germes de moisissure qu'on avait introduits, devaient s'en couvrir de la même manière. Je dirai même que bien des vers malades, qui, dans l'autre cas purent aller jusqu'à faire un cocon, quoique bien imparfait, dans celui-ci, n'y parvinrent pas, par suite de l'infection qu'ils n'avaient pas la force de combattre, et qui, sans être cause de leur mort, put néanmoins la précipiter. Mais assurément tous ceux dont la santé et les forces étaient bien saines, ne furent point attaqués par le principe contagieux; et si la contagion avait pu en immoler, elle aurait dû, ou le faire sur tous ou ne pas le faire sur un seul, puisque tous, n'ayant pas plus de moyens préservatifs les uns que les autres, se trouvaient enveloppés de la même poussière, et par conséquent sous la même atteinte.

Enfin dans une troisième caisse où l'on avait mis

des mêmes vers et en même quantité que dans les autres caisses, mais sans y avoir répandu préalablement de la poudre de champignons et sans y avoir passé aucune couche de sulfate de cuivre, à peu près le même nombre de morts s'est montré que dans les autres cas sans offrir cependant des muscardins. Mais ce résultat ne fait que corroborer la vérité de l'induction que j'ai tirée des deux faits précédents; c'est-à-dire que, si dans le premier il n'y a pas eu de muscardins, c'est parce que la condition propre à les développer n'a pas eu lieu, puisqu'en effet dans ce dernier cas où tout était absolument selon les mêmes dispositions, quant aux vers, aux soins et l'emplacement, il ne s'y en est point manifesté; et que, si dans le second cas il y a eu de ces mêmes muscardins, c'est uniquement parce qu'à la suite de la mortalité primitive qui y a été occasionnée par la même raison que dans les autres caisses, les dépouilles des morts et des mourants ont pris la moisissure par l'effet du contact où ils étaient, avec les germes de celle qu'on y avait répandue et qui y était restée libre.

En résumé, il aurait fallu, pour que l'expérience fût concluante, que dans la première et la seconde caisse les vers eussent été bien portants et n'eussent presque pas eu de morts, tandis qu'en somme, ils fournirent peu de bons cocons; qu'en second lieu, dans la seconde caisse, la mortalité par infection des muscardins, fut au moins générale. Mais cette même expérience est au contraire considérablement en défaveur de la validité du remède; car d'abord, il ne s'agit point ici que le sulfate de cuivre empêche seulement à l'efflorescence blanche de paraître sur le corps des vers, mais il doit, selon l'exigence qu'il est prétendu remplir, s'opposer à ce que la vraie maladie et la vraie cause de mort primitive se manifestent et s'accomplissent. Or, c'est ce qui a été bien loin d'avoir lieu dans la première caisse où, malgré le sulfate de cuivre, il y a eu tant de désastres. Ensuite, et c'est ce qui achève de le condamner d'une autorité bien sérieuse; les vers qui servirent à l'expérience comme tous ceux du nombre desquels on les avait distraits, avaient été lavés soigneusement dans la préparation de cette substance; donc, elle leur avait été manifestement défavorable, d'après le résultat si disgracieux qui survint, soit au petit nombre de vers de l'expérience, soit sans doute à tous les autres vers, qui assurément durent avoir la même mauvaise constitution, et par suite les mêmes morts, puisqu'on avait enlevé les premiers vers d'au milieu d'eux, à l'époque où ils s'endormaient tous de la troisième mue. En finissant, je demanderai à tous ceux qui, devant les essais infructueux de cette substance et devant les funestes effets de son application dans nos magnaneries, croient encore à son efficacité, quelles raisons plausibles ils auraient pour l'attester, et comment ils en expliqueraient chimiquement l'action et les effets? tandis que je leur démontrerai que le litier ou les vers morts se couvriront toujours de moisissure quand bien même on aurait passé à volonté sur les feuilles et sur les dépouilles du sulfate de cuivre, si la fermentation ou toute autre cause que je ne pourrais préciser, viennent à faire naître ces efflorescences, et si la condition qui les entretient se continue et s'active sans cesse.

Il est pénible d'entrer dans de plus grandes dissertations pour prouver que la contagion de la muscardine est une chimère, pour un ver auquel on a maintenu une prospérité avantageuse par les seuls soins indiqués par la nature. Je me bornerai à demander à tout industriel dans l'éducation de cet insecte, pourquoi on trouve si fréquemment dans le cocon double, une muscardine et une crysalide bien saine, malgré l'emploi du sulfate de cuivre ? Ce seul incident est une preuve incontestable en faveur de mon assertion.

FIN.

TABLEAU DES POIDS USUELS.

NOMS systématiques.	VALEUR.
. . . .	Mille kilogrammes, poids du mètre cube d'eau et du tonneau de mer.
. . . .	Cent kilog., quintal métrique.
KILOGRAMME	Mille grammes. Poids dans le vide d'un décimètre cube d'eau distillée à la température de 4° centigrades.
Hectogramme	Cent grammes.
Décagramme	Dix grammes.
GRAMME	Poids d'un centimètre cube d'eau à 4° centigrades.
Décigramme	Dixième du gramme.
Centigramme.	Centième du gramme.
Milligramme	Millième du gramme.

La livre ancienne se composait de	2 marcs,
Le marc de	8 onces,
L'once de	8 gros ou drachmes,
Le gros de	3 deniers ou scrupules,
Le denier de	24 grains,
Le grain de	24 primes.

COMPARAISON DES LIVRES ET DES KILOGRAMMES.

Poids décimaux.	grammes.	liv.	onc.	gros.	grains.
GRAMME	1	»	»	»	18,83
Double gramme . . .	2	»	»	»	37,65
Demi-décagramme. .	5	»	»	1	22,14
DÉCAGRAMME	10	»	»	2	44,27
Double décagramme .	20	»	»	5	16,54
Demi-hectogramme .	50	»	1	5	5,36
HECTOGRAMME.	100	»	3	2	10,71
Double hectogramme.	200	»	6	4	21,43
Demi-kilogramme . .	500	1	»	2	53,57
KILOGRAMME	1,000	2	»	5	35,15
Double kilogramme .	2,000	4	1	2	70,30
5 kilogrammes	5,000	10	3	3	31,75
10 kilogrammes . . .	10,000	20	6	6	63,50
20 kilogrammes . . .	20,000	40	13	5	55,00
50 kilogrammes . . .	50,000	102	2	2	29,50
100 kilogrammes. . .	100,000	204	4	4	59,00

RÉDUCTION DES ONCES USUELLES EN DÉCAGRAMMES.

Les décimales sont des centigrammes.

onces.	décagramm.	onces.	décagramm.	onces.	décagramm.
1	3,125	6	18,750	11	34,375
2	6,250	7	21,875	12	37,500
3	9,375	8	25,000	13	40,625
4	12,500	9	28,125	14	43,750
5	15,625	10	31,250	15	46,875

L'hectogramme valant 100 grammes ou 10 décagrammes, 3 onces équivalent presque 1 hectogramme, et 1 once est un peu plus que 3 décagrammes.

RÉDUCTION

des mètres en pieds, pouces, lignes et décimales de la ligne.

Mètres.	Pieds.	pouc.	lignes.	Mètres.	Pieds.	pouc.	lignes.
1	3	0	11,296	6	18	5	7,776
2	6	1	10,593	7	21	6	7,072
3	9	2	9,888	8	24	7	6,368
4	12	3	9,184	9	27	8	5,664
5	15	4	8,480	10	30	9	4,960

TABLE.

pages.

Dédicace iii

Avant-Propos vii

A Messieurs les Membres de la Société d'agriculture de la Drôme xi

Chap. I. Origine du ver à soie. — Cours de sa vie à l'état naturel. — Sa perfection . . 1

Chap. II. Des espèces et variétés parmi les vers à soie 6

Chap. III. De la quantité d'œufs de vers à soie (graines), contenues dans 31 grammes; — De son produit basé sur 200 cocons par 500 grammes (cocons ordinaires). — Lavage de la graine 9

Chap. IV. Incubation, — éclosion, — premiers soins à donner aux vers à soie; — époque convenable 12

pages.

Chap. V. De la deuxième mue 23

Chap. VI. Local convenable aux vers à soie après leur deuxième mue. — Température à leur donner. — Ce qui peut résulter d'une transition subite du chaud au froid et du froid au chaud, même de 12, 13 degrés jusqu'à 26 de variation 31

Chap. VII. Des soins à mettre pour récolter la feuille ; — de la petite avance qu'on doit en avoir ; — du local pour l'y conserver ; — de la nécessité absolue de la lumière et d'un constant aérage 42

Chap. VIII. Soins à donner pendant le temps de la troisième mue, sa durée, signes de la mue parfaite. — Nouvelle couleur que les vers à soie ont prise, moyen de les égaliser par le jeûne. — Soins du délitement 47

Chap. IX. De la quatrième mue. — La position des vers à soie relativement à leur maladie apparente ; — signe qu'ils donnent d'un état satisfaisant, après leur mue ; — augmentation du nombre des tables. — Conduite à tenir pendant le cinquième âge 58

Chap. X. Préparation des bruyères, — manière de les placer sur les tables, — comment on y introduit les vers à soie, — soins qu'on doit avoir lorsqu'ils y sont placés ; — observations diverses, — température à donner pages.

pendant les trois jours qu'ils mettent à filer leurs cocons 66

Chap. XI. Manière de reconnaître si les vers ont été bien conduits. — État satisfaisant des cocons. — Leur valeur d'après le nombre qu'exige le poids d'un kilog. 74

Chap. XII. Du choix à faire des cocons pour obtenir de nouveaux œufs de vers à soie. — De la métamorphose de la chyrsalide en papillon. — Disposition des œufs dans le corps de la femelle. — Les pontes 79

Un mot sur l'amendement, le dépouillemeet et la taille du murier 87

Conclusion 95

Chanson pour les magnaniers 96

Note I 99

Note II 101

Note III 118

Note IV 118

Tableau des poids et mesures 125

FIN DE LA TABLE.

www.ingramcontent.com/pod-product-compliance
Ingram Content Group UK Ltd.
Pitfield, Milton Keynes, MK11 3LW, UK
UKHW021825190726
13853UKWH00003B/1184